LA DEMONSTRATION

THEOREME DE FERMAT

LA DÉMONSTRATION

DU

THÉORÈME DE FERMAT

LA DÉMONSTRATION

DU

THÉORÈME DE FERMAT

PAR

Maurice LICHTENSTEIN

1927

AVANT-PROPOS.

Cette petite brochure se présente au public sous le titre *La démonstration du théorème de Fermat*. En vérité, il y a là six démonstrations du théorème, dont cinq pour tout n entier et positif et une pour $n = 3$. Parmi les cinq premières, quatre sont même tout à fait indépendantes l'une de l'autre.

Je les considère quand même comme une seule démonstration pour les raisons suivantes :

La première de ces démonstrations établit l'existence et le nombre des conditions qui ont pour conséquence l'inexistence de la relation

$$a^n = a_1^n + a_2^n.$$

La deuxième, intitulée *La non-existence de sommes égales et sa raison*, nous montre qu'une fois les conditions susmentionnées établies, on voit aisément que la vérité du théorème de Fermat est inscrite dans la fonction même de a^n, que nous avons appelée le tableau de a^n, et s'y lit clairement.

La troisième, tout en étant une démonstration nouvelle, ne supposant rien de ce qui a été établi précédemment, est en même temps une illustration des résultats de la première démonstration.

On y voit exactement réalisé le faisceau des conditions établies par la première démonstration.

Quant à la quatrième démonstration, elle n'ajoute rien à la vérité du théorème de Fermat et à sa compréhension, mais elle nous laisse voir que ce grand théorème est lui-même un cas particulier d'un théorème très vaste qui lui sert de cadre et est peut-être la raison pour laquelle les raisons du théorème de Fermat étaient si longtemps insaisissables, et ouvre peut-être, si je ne me trompe pas là encore, une grande perspective pour certaines branches des mathématiques, sinon pour presque toutes.

J'ai ajouté un exemple pour $n = 3$, pour faire voir et toucher, pour ainsi dire, l'impossibilité que la relation $a^3 = a_1^3 + a_2^3$ ne se réalise jamais.

Au dernier moment, lorsque les cinq démonstrations énumérées étaient déjà typographiquement composées, j'ai ajouté la démonstration du théorème que j'ai appelé la démonstration synthétique du théorème de Fermat, parce que, à l'encontre des autres démonstrations pour n lui précédant, elle ne s'occupe pas d'analyse des faits de leurs éléments et leurs raisons, mais cherche simplement par un traitement adéquat des formules données à leur faire livrer leur secret.

Cette sorte de démonstration nous donne les faits qui résultent des formules données, mais nous éclairent peu sur leur raison et leur corrélation avec d'autres faits du même ordre; elles ont cependant l'avantage de nous donner la certitude absolue sur les résultats obtenus.

C'est pourquoi, ayant réussi au dernier moment d'abréger cette démonstration de plusieurs pages, j'ai décidé de la soumettre aussi à l'appréciation du lecteur.

Je ne la considère pas non plus comme une démonstration nouvelle étant donné qu'elle n'est qu'une conséquence nécessaire de notre tableau de a^n, auquel toutes nos autres démonstrations aussi se rattachent intimement, de façon que nous pouvons dire que toutes ces démonstrations ne sont que des considérations d'une seule et même chose de par ses points de vue différents formant un tout.

Pour finir, je veux encore ajouter que la matière étant incroyablement riche, on peut sans doute construire bien d'autres démonstrations; j'ai moi-même encore plusieurs autres démonstrations que je publierai peut-être un jour, mais pour le moment j'ai choisi celles-là, pour les avantages qu'elles me paraissent offrir par leur exiguïté relative aussi bien que par la circonstance que les unes d'entre elles nous laissent voir clairement toutes les raisons du théorème de Fermat aussi bien que la corrélation du théorème avec d'autres formations numériques et leur loi, et que les autres, comme je l'ai dit notamment pour la sixième démonstration, nous donnent la certitude absolue des résultats acquis.

J'ai dit les avantages que je crois trouver dans cette démonstration et prie le lecteur de vouloir bien attirer mon attention sur les erreurs que j'aurais pu faire sans m'en apercevoir.

Maurice LICHTENSTEIN.

Paris, le 28 juin 1927.

LA DÉMONSTRATION

DU

THÉORÈME DE FERMAT

DÉMONSTRATION DU THÉORÈME DE FERMAT POUR TOUT n ENTIER ET POSITIF.

Formation du tableau de a^n.

J'écris $a = a - 1 + 1$, alors on a

$$a^n = (a-1)^n + \binom{n}{1}(a-1)^{n-1} + \ldots + \binom{n}{n-1}(a-1) + 1.$$

De même, si l'on écrit $a - 1 = a - 2 + 1$, alors on a

$$(a-1)^n = (a-2)^n + \binom{n}{1}(a-2)^{n-1} + \ldots + \binom{n}{n-1}(a-2) + 1.$$

Donc

$$\begin{aligned} a^n = (a-2)^n &+ \binom{n}{1}(a-2)^{n-1} + \ldots + \binom{n}{n-1}(a-2) + 1 \\ &+ \binom{n}{1}(a-1)^{n-1} + \ldots + \binom{n}{n-1}(a-1) + 1. \end{aligned}$$

De même on aura

$$\begin{aligned} a^n = (a-\nu)^n &+ \binom{n}{1}(a-\nu)^{n-1} + \ldots + \binom{n}{n-1}(a-\nu) + 1 \\ &+ \binom{n}{1}(a-\nu-1)^{n-1} + \ldots + \binom{n}{n-1}(a-\nu-1) + 1 \\ &+ \ldots\ldots\ldots\ldots\ldots\ldots\ldots\ldots\ldots\ldots \\ &+ \binom{n}{1}(a-1)^{n-1} + \ldots + \binom{n}{n-1}(a-1) + 1. \end{aligned}$$

Pour $\nu = a - 1$, on aura donc

$$\begin{array}{l} a^n = 1^n + \binom{n}{1} . 1^{n-1} + \binom{n}{2} . 1^{n-2} + \ldots + \binom{n}{n-1} + 1 \\ \quad + \binom{n}{1} . 2^{n-1} + \binom{n}{2} . 2^{n-2} + \ldots + \binom{n}{n-1} 2 + 1 \\ \quad + \ldots\ldots\ldots\ldots\ldots\ldots\ldots\ldots\ldots\ldots \\ \left.\begin{array}{l} \quad + \binom{n}{1} (a-\nu)^{n-1} + \binom{n}{2} (a-\nu)^{n-2} + \ldots + \binom{n}{n-1} (a-\nu) + 1 \\ \quad + \ldots\ldots\ldots\ldots\ldots\ldots\ldots\ldots\ldots\ldots \\ \quad + \binom{n}{1} (a-1)^{n-1} + \binom{n}{2} (a-1)^{n-2} + \ldots + \binom{n}{n-1} (a-1) + 1. \end{array}\right\} \nu \text{ dernières lignes.} \end{array}$$

On voit que les ν' premières lignes de ce tableau (en comptant l'unité 1^n pour ligne) présentent comme somme la puissance $(\nu')^n$.

C'est ce tableau que nous désignerons, par la suite, par le tableau de a^n.

Définition et réduction du problème.

En regard de ce tableau de a^n je pars de cette idée : s'il existe ν dernières lignes d'un tableau de a^n qui présentent une somme égale à la somme de ν' premières lignes de ce tableau, donc égale à la puissance $(\nu')^n$, alors cette somme $(\nu')^n$ et le complément des ν dernières lignes, à savoir $(a - \nu)^n$, seront complémentaires par rapport à a^n et l'on aura $a^n = (\nu')^n + (a - \nu)^n$.

Donc s'il existe ν dernières lignes dont la somme est égale à la somme de ν' premières lignes, le théorème de Fermat n'est pas vrai.

Et inversement, s'il n'existe pas ν dernières lignes égales dans leur somme à ν' premières lignes (ce que j'appellerai par la suite sommes égales), alors le théorème de Fermat est vrai.

Démonstration du théorème.

Notre tableau de a^n peut s'écrire

$$(1) \qquad a^n = \binom{n}{1} \sum_{1}^{a-1} \nu^{n-1} + \binom{n}{2} \sum_{1}^{a-1} \nu^{n-2} + \ldots + \sum_{1}^{a-1} \nu + a;$$

et si le théorème de Fermat n'est pas vrai et que la relation $a^n = a_1^n + a_2^n$ existe, alors pour les a_1 et a_2 qui satisfont cette dernière relation, on peut écrire aussi

$$a_1^n = \binom{n}{1}\sum_{1}^{a_1-1}\nu^{n-1} + \binom{n}{2}\sum_{1}^{a_1-1}\nu^{n-2} + \ldots + \binom{n}{n-1}\sum_{1}^{a_1-1}\nu + a_1.$$

$$a_2^n = \binom{n}{1}\sum^{a_2-1}\nu^{n-1} + \binom{n}{2}\sum^{a_2-1}\nu^{n-2} + \ldots + \binom{n}{n-1}\sum^{a_2-1}\nu + a_2,$$

et affirmer qu'il existe également les relations

$$(\text{II})\quad \left\{\begin{array}{l} \sum^{a-1}\nu^{n-1} = \sum^{a_1-1}\nu^{n-1} + \sum^{a_2-1}\nu^{n-1}, \\ \ldots\ldots\ldots\ldots\ldots\ldots\ldots\ldots\ldots, \\ \sum^{a-1}\nu \quad = \sum^{a_1-1}\nu \quad + \sum^{a_2-1}\nu, \\ \quad a \quad = \quad a_1 \quad + a_2. \end{array}\right.$$

Et inversement si l'on peut démontrer que ces relations n'existent pas dans leur ensemble ou en partie, la démonstration du théorème de Fermat sera faite.

L'examen de ces relations s'impose donc, et voici ce qu'on trouve.

Les deux premières relations (à compter de bas en haut) sont

$$a = a_1 + a_2;$$
$$\sum^{a-1}\nu = \sum^{a_1-1}\nu + \sum^{a_2-1}\nu.$$

Pour la première de ces relations il va de soi qu'on peut toujours, quand on veut, choisir les trois valeurs de a, a_2, a_1 de façon à remplir la relation.

La deuxième relation peut s'écrire aussi comme suit :

$$\frac{(a-1)a}{2} = \frac{(a_1-1)a_1}{2} + \frac{(a_2-1)a_2}{2}.$$

Considérons le premier terme comme une série

$$1 + 2 + \ldots + a_1 - 1 + \overline{a_1-1} + 1 + \ldots + \overline{a_1-1} + a - a_1,$$

dont le dernier terme est $a - 1$ et qui est coupé en deux au terme $a_1 - 1$.

La première partie de cette série est égale à $\frac{(a_1-1)a_1}{2}$; la deuxième partie a $(a-1)-(a_1-1) = a - a_1$ termes et est égale à

$$(a-a_1)(a_1-1) + \frac{(a-a_1)(a-a_1+1)}{2} = \frac{(a-a_1)(a+a_1-1)}{2}.$$

Suivant que cette dernière expression sera une valeur de $\frac{n(n+1)}{2}$ (en nombres entiers) ou non, on pourra former $\frac{(a_1-1)a_1}{2}$ ou non.

Or il ne s'agit pas seulement de choisir $a_1 - 1$ pour n'importe quel $a - 1$ donné. Car il y a grand nombre de $a - 1$ pour lesquels la coupure en question ne peut se faire à aucun de ses termes.

Ainsi par exemple pour la série $1 + 2 + 3 + 4$ avec $a - 1 = 4$ comme dernier terme, de même pour les séries, qui ont pour dernier terme $a - 1 = 7$, respectivement 9, 12, 14, ... et combien d'autres.

Nombreuses sont donc les séries qui ne permettent aucune coupure et pour lesquelles la deuxième relation ne peut jamais se produire.

Regardons maintenant une série où cette coupure peut bien se faire, par exemple

$$1 + 2 + \ldots + 9 + 10 + 11 = \frac{11 \times 12}{2},$$

$$10 + 11 = \frac{6 \times 7}{2}, \qquad 1 + 2 + \ldots + 9 = \frac{9 \times 10}{1 \times 2}.$$

On a donc

$$\frac{11 \times 12}{2} = \frac{6 \times 7}{2} + \frac{9 \times 10}{2}.$$

De la même façon on aura

$$\frac{16 \times 17}{2} = \frac{9 \times 10}{2} + \frac{13 \times 14}{2}.$$

Or, si l'on regarde ces résultats, on voit que pour eux la relation

$$a = a_1 + a_2$$

n'a pas lieu et il en sera toujours ainsi, étant donné que le a dans la deuxième relation (II) doit toujours être plus petit que $a_1 + a_2$ pour que l'égalité puisse se faire.

(D'ailleurs, pour le théorème de Fermat aussi, il faut que $a < a_1 + a_2$ parce que pour $a \geqq a_1 + a_2$, il est évident que $a^n > a_1^n + a_2^n$.)

Il en résulte donc que les deux premières relations existent bien séparément, mais jamais ensemble.

Pour la troisième relation, au moyen de la formule connue

$$1 + 2^2 + \ldots + n^2 = \frac{1}{6}(2n+1)(n+1)n,$$

on a

$$\sum^{a-1}\nu^2-\sum^{a_1-1}\nu^2=\frac{1}{6}\{2(a^3-a_1^3)-3(a^2-a_1^2)+a-a_1\};$$

$$\sum^{a_2-1}\nu^2=\frac{1}{6}\{\quad 2a_2^3\quad-\quad 3a_2^2\quad+\quad a_2\}.$$

On le voit, il faut que les trois différences de la première de ces deux relations puissent être considérées comme les puissances successives d'une seule base.

Étant donné qu'on a

$$a^3-a_1^3=(a-a_1)^3+3aa_1(a-a_1),$$
$$a^2-a_1^2=(a-a_1)^2+2aa_1-2a_1^2,$$
$$a-a_1=a-a_1;$$

il faudrait que ces égalités fussent respectivement égales à

$$(a-a_1+\alpha)^3=(a-a_1)^3+3(a-a_1)^2\alpha+3(a-a_1)\alpha^2+\alpha^3,$$
$$(a-a_1+\alpha)^2=(a-a_1)^2+\qquad 2(a-a_1)\alpha\qquad+\alpha^2;$$
$$a-a_1+\alpha\;=\;a-a_1+\alpha.$$

Or ce sont trois conditions pour la détermination du seul a, qui se contredisent l'une l'autre.

De même pour la quatrième relation (II), selon la formule

$$1+2^3+\ldots+n^3=\frac{1}{4}(n+1)^2n^2;$$

on a

$$\sum^{a-1}\nu^3-\sum^{a_1-1}\nu^3=\frac{1}{4}[(a^4-a_1^4)-2(a^3-a_1^3)+a^2-a_1^2],$$

$$\sum^{a_2-1}\nu^3=\frac{1}{4}(\quad a_2^4\quad-\quad 2a_2^3\quad+a_2^2),$$

et l'on voit, pour les mêmes raisons que précédemment, que les différences de la première de ces deux relations ne peuvent jamais être considérées comme étant les trois puissances d'une seule et même base, et il en sera toujours ainsi pour toute relation des relations (II).

Il en résulte qu'à partir de la troisième relation, les deux expressions qui forment chacune des relations (II) ne peuvent jamais être égales par l'égalité de leurs termes du même degré.

Cela, en vérité, n'est pas encore une raison pour que ces relations n'existent pas comme égalités, par compensation entre les termes de différents degrés, et, en fait, nous connaissons, du moins, une telle relation qui, pour un certain système de valeurs pour a, a_2, a_1, donne deux valeurs égales.

En effet, pour $a-1=70$, $a_2-1=69$, $a_1-1=24$, la troisième relation donne

$$\sum^{70} \nu^2 - \sum^{69} \nu^2 = \frac{1}{6}\{2(70^3-69^3)+3(70^2-69^2)+(70-69)\} = 4900,$$

$$\sum^{24} \nu^2 = \frac{1}{6}(2\times 24^3+3\times 24^2+24) = 4900.$$

Et il n'y a pas lieu de faire distinction entre cette relation et les autres. Car pour cette relation aussi, nous l'avons vu, la détermination de α est impossible, et l'égalité a sa raison seulement dans l'existence de compensation entre les termes de différents degrés comme

$$2[(70^3-69^3)-24^3] = 3[24^2-(70^2-69^2)]+24-1.$$

Cependant, malgré ce fait, on peut se dire que si l'on ne peut pas prouver la non-existence de ces relations chacune à part, on peut du moins prouver qu'elles n'existent jamais toutes à la fois.

Car, d'une part, il y a l'impossibilité qu'une égalité se produise par égalité des termes du même degré, d'autre part les accélérations correspondant à chaque exposant diminuent, de par leur caractère même, les possibilités qui restent de faire compensation entre les termes de différents degrés, et cette diminution des possibilités de compensation s'accentue avec les valeurs des exposants.

Si donc pour la troisième relation qui contient seulement les puissances des 1er, 2e, 3e degrés, l'égalité se réalise pour la première fois seulement pour $a=71$, $a_2=70$, $a_1=25$, qu'est-ce qu'il en est pour les puissances de 4e, 5e, 6e, ..., $n^{\text{ième}}$ degré, à supposer qu'il en existe encore d'autres de ces relations (II) qui donnent parfois des sommes égales.

Et si cette rareté va en s'accentuant avec les valeurs de β des relations

$$\sum^{a-1} \nu^\beta - \sum^{a_1-1} \nu^\beta = \sum^{a_2-1} \nu^\beta$$

pour chaque relation séparément, comment peut-on se figurer l'existence d'un grand nombre de ces relations en égalités pour un seul et même système de valeurs a, a_2, a_1.

Avec cela, dans l'hypothèse de l'existence d'un système de $n-1$ égalités pareilles, il faudrait, si l'on considère a, a_2, a_1 comme trois inconnues, que $(n-1)$ conditions, indépendantes l'une de l'autre, puissent collaborer et déterminer trois seules quantités.

On pourrait, cela se voit, en indiquer d'autres, mais ces raisons suffisent amplement à faire voir l'impossibilité, voire l'inconcevabilité de l'existence de toutes les relations (II) à la fois.

Regardons maintenant ce qui arrive si, dans la supposition que pour un certain système de valeurs a, a_2, a_1, une relation donnée est une égalité, nous substituons cette relation pour ces valeurs dans les autres relations (II).

Pour cela, reproduisons les premières, quelques relations, dans la forme que nous les avons formées au moyen des formules indiquées.

On a ainsi

$$a = a_1 + a_2,$$

$$\frac{(a-1)a}{2} = \frac{(a_1-1)a_1}{2} + \frac{(a_2-1)a_2}{2},$$

$$\frac{1}{6}\{2(a^3 - a_1^3) - 3(a^2 - a_1^2) + a - a_1\} = \frac{1}{6}(2a_2^3 - 3a_2^2 + a_2),$$

$$\frac{1}{4}\{(a^4 - a_1^4) - 2(a^3 - a_1^3) + a^2 - a_1^2\} = \frac{1}{4}\{a_2^4 - 2a_2^3 + a_2^2\},$$

....

Ou bien dans la forme

$$a = a_1 + a_2,$$

$$a^2 - (a_1^2 + a_2^2) = a - (a_1 + a_2),$$

$$2[a^3 - (a_1^3 + a_2^3)] = 3[a^2 - (a_1^2 + a_2^2)] + (a_1 + a_2) - a,$$

$$a^4 - (a_1^4 + a_2^4) = 2[a^3 - (a_1^3 + a_2^3)] + (a_1^2 + a_2^2) - a^2.$$

....

D'abord on voit que pour $a_1 + a_2 - a = 0$, le reste de ces relations se réduisent respectivement à

$$a^2 - (a_1^2 + a_2^2) = 0, \qquad a^2 = a_1^2 + a_2^2;$$

$$a^3 - (a_1^3 + a_2^3) = 0, \qquad a^3 = a_1^3 + a_2^3;$$

$$a^4 - (a_1^4 + a_2^4) = 0, \qquad a^4 = a_1^4 + a_2^4;$$

.................., ...

ce qui, pour $a = a_1 + a_2$, est également impossible pour toutes à la fois et pour chacune séparément.

Substituons maintenant la deuxième relation dans la supposition qu'elle est une égalité pour certaines valeurs de a, a_2, a_1. Mettons donc

$$a^2 - (a_1^2 + a_2^2) = a - (a_1 + a_2).$$

alors les relations qui restent deviennent

$$a^3-(a_1^3+a_2^3)=a^2-(a_1^2+a_2^2)=a-(a_1+a_2),$$
$$a^4-(a_1^4+a_2^4)=a^3-(a_1^3+a_2^3)=a^2-(a_1^2+a_2^2)=a-(a_1+a_2),$$
. . . .

Étant donné qu'à partir de $n=3$ l'égalité

$$a^n-(a_1^n+a_2^n)=a-(a_1+a_2)$$

n'existe pas, à moins de mettre $a=a_2=a_1=1$, il s'ensuit l'incompatibilité de la deuxième relation pour toutes les valeurs qui la satisfont avec toutes et chacune des relations (II).

Donc, d'après cela, la première et la deuxième relation, si l'une d'elles est une égalité, tout le reste de $n-1$ relations, pour ces valeurs de a, a_2, a_1 ne sont rien que des inégalités.

Nous allons voir qu'il en est de même pour la troisième relation (II).

En effet, la substitution de la troisième dans la quatrième, pour les valeurs que la troisième est une égalité, donne

$$\begin{aligned}a^4-(a_1^4+a_2^4)&=3[a^3-(a_1^3+a_2^3)]+(a_1+a_2)-a+(a_1^2+a_2^2)-a^2\\&=2[a^2-(a_1^2+a_2^2)]+(a_1+a_2)-a.\end{aligned}$$

Or cela n'existe même pas pour $a=3$, $a_2=2$, $a_1=1$, et cela va en augmentant avec les valeurs de a, a_2, a_1.

En regard de ces résultats, aussi bien que de l'inconcevabilité d'un grand nombre de ces relations pour le même système de valeurs a, a_2, a_1, et vu enfin la forme dont sont constituées les premières relations, laissant présumer une constitution analogue pour le reste de ces relations, nous avons le droit de présumer qu'il en sera ainsi pour toute substitution d'une de ces relations pour les valeurs faisant d'elle une égalité, dans le restant de ces relations.

Il en résulte ce fait important que non seulement les relations (II) n'existent pas toutes à la fois, mais aussi que toute supposition que l'une d'elles soit une égalité rend impossible la supposition de l'existence des autres relations, même chacune à part, comme égalités.

Pour plus de clarté je dirai, étant donné que la substitution de l'une d'elles comme égalité, engendre pour tout le reste des relations (II), des relations qui sont toujours d'inégalités, il en résulte que dans les relations (II) il n'existe jamais pour aucun système de valeurs (a, a_2, a_1) plus d'une égalité.

En un mot, les relations (II) sont : ou toutes d'inégalités, ou elles contiennent une seule égalité.

En résumé nous pouvons dire :

Puisque la démonstration a été faite que dans les quatre premières relations, il n'y a jamais plus qu'une égalité; il en résulte, indépendamment de toute hypothèse, la preuve absolue que la relation $a^n = a_1^n + a_2^n$ ne peut jamais être vraie par l'existence simultanée de toutes les relations (II).

Dans le cas supposé qu'il y ait une égalité parmi les relations (II), on peut se demander, si cette relation est supposée être

$$\sum^{a-1} \nu^\alpha - \sum^{a_1-1} \nu^\alpha = \sum^{a_2-2} \nu^\alpha,$$

si ce n'est pas possible que l'on ait

$$(1) \quad \binom{n}{n-\alpha}\left[\sum^{a-1} \nu^\alpha - \sum^{a_1-1} \nu^\alpha\right] = (a^n - a_1^n) - \binom{n}{n-\alpha}\left[\sum^{a-1} \nu^\alpha - \sum^{a_1-1} \nu^\alpha\right],$$

$$(2) \quad \binom{n}{n-1}\sum^{a_2-1} \nu^\alpha = a_2^n - \binom{n}{n-\alpha}\sum^{a_2-1} \nu^\alpha$$ [*voir* p. 2, expr. (I)].

A cela il suffit de répondre que les deux côtés de (1) ou de (2) ne sont jamais divisibles par les mêmes facteurs, par conséquent ne peuvent jamais être égaux.

Quant au cas d'égalité par compensation, je me réserve de faire la démonstration de l'impossibilité de toute compensation, à l'occasion de ma nouvelle démonstration résultant directement de la discussion de la relation $a^n = a_1^n + a_2^n$.

LA NON-EXISTENCE DES SOMMES ÉGALES ET SA RAISON.

Dans la définition du problème nous avons prouvé que si le théorème de Fermat est vrai, il n'existe pas de sommes égales dans le tableau de a^n, ce qui veut dire qu'il n'existe pas une somme formée par les lignes se trouvant à un bout du tableau de a^n, qui soit égale à une somme formée avec les lignes qui se trouvent à l'autre bout de ce tableau.

La démonstration de la non-existence simultanée des relations (II) nous a prouvé la non-existence de la relation $a^n = a_1^n + a_2^n$, c'est-à-dire la vérité du théorème de Fermat et par conséquent la non-existence de sommes égales dans le tableau de a^n.

Il nous reste à savoir la raison de la non-existence de sommes égales. Pour cela revenons aux relations (II) et regardons d'abord les faits. Nous y voyons qu'on a là affaire à deux sommes

$$\sum_{1}^{a-1} \nu^{\beta} - \sum_{1}^{a_1-1} \nu^{\beta} = \sum_{a_1}^{a-1} \nu^{\beta} = (a-1)^{\beta} + \ldots + a_1^{\beta}$$

et

$$\sum_{1}^{a_2-1} \nu^{\beta} = (a_2-1)^{\beta} + \ldots + 2^{\beta} + 1$$

et que donc la preuve de la non-existence des relations (II) est la preuve même de la non-existence des relations

$$\sum_{a_1}^{a-1} \nu^{\beta} = \sum_{1}^{a_2-1} \nu^{\beta} \qquad (\beta = n-1, \ldots, 2, 1).$$

Or, pour les sommes égales, nous avons affaire aux mêmes faits. En effet désignons la somme des ν dernières lignes par la lettre s, alors on a

$$s = \binom{n}{1} \sum_{k=1}^{\nu} (a-k)^{n-1} + \ldots + \binom{n}{n-1} \sum_{k=1}^{\nu} (a-k) + \nu.$$

D'autre part la somme des ν' premières lignes s'exprime par la puissance $(\nu')^n$ et l'on a

$$(\nu')^n = \binom{n}{1} \sum_{p=1}^{\nu'-1} p^{n-1} + \ldots + \binom{n}{n-1} \sum_{p=1}^{\nu'-1} p + \nu'.$$

Nous pouvons donc dire qu'étant prouvé que les relations (II), ou ce qui est la même chose les relations

$$\sum_{k=1}^{\nu} (a-k)^{\beta} = \sum_{p=1}^{\nu'-1} p^{\beta} \qquad (\beta = n-1, \ldots, 2, 1)$$

n'ont jamais lieu simultanément, il s'ensuit directement que les ν dernières lignes ne peuvent jamais, par leur somme, être égales aux ν' premières lignes du tableau de a^n.

Voilà pour la raison de la non-existence de sommes égales.

Nous voyons par cela que les relations (II) ou

$$\sum_{k=1}^{\nu} (a-k)^{\beta} = \sum_{p=1}^{\nu'-1} p^{\beta}$$

sont en même temps une raison et de la non-existence de la relation

$$a^n = a_1^n + a_2^n,$$

et de la non-existence de sommes égales, ce qui concorde avec notre définition du problème et est la preuve que la non-existence de sommes égales et la vérité du théorème de Fermat sont les conditions l'une de l'autre.

Il est bon d'ajouter encore ceci :

La somme de ν' premières lignes étant une puissance de degré n et la preuve étant faite que les ν dernières lignes du tableau de a^n ne peuvent jamais être égales dans leur somme à la somme de ν' premières lignes, il en résulte que nous pouvons dire que les ν dernières lignes du tableau de a^n ne sont jamais égales à une puissance de degré n, et d'ajouter encore :

Les ν dernières lignes ne pouvant être une puissance de degré n ne peuvent par conséquent jamais présenter une somme du $n^{\text{ième}}$ degré, complémentaire à $(\nu')^n$ par rapport à a^n, ce qui est une démonstration du théorème de Fermat en peu de mots.

DÉMONSTRATION DU THÉORÈME DE FERMAT POUR TOUT n ENTIER ET POSITIF.

J'écris la relation $a^n = a_1^n + a_2^n$ ou $a^n - a_2^n = a_1^n$, qui, d'après le théorème de Fermat, n'a jamais lieu.

Je suppose $a > a_2 > a_1$.

D'après le tableau de a^n, on peut écrire

$$a^n = \binom{n}{1} \sum_1^{a-1} \nu^{n-1} + \ldots + \binom{n}{n-1} \sum_1^{a-1} \nu + a.$$

La relation du théorème de Fermat peut donc s'écrire

$$\begin{aligned} &\left[\binom{n}{1} \sum^{a-1} \nu^{n-1} + \ldots + \binom{n}{n-1} \sum \nu\right] \\ -&\left[\binom{n}{1} \sum^{a_2-1} \nu^{n-1} + \ldots + \binom{n}{n-1} \sum^{a_2-1} \nu\right] \\ &\binom{n}{1} \sum^{a_1-1} \nu^{n-1} + \ldots + \binom{n}{n-1} \sum \nu + a_1 + a_2 - a. \end{aligned}$$

La différence à gauche peut s'écrire

$$\binom{n}{1}\sum_{a_2}^{a-1}\nu^{n-1}+\ldots+\binom{n}{n-1}\sum_{a_2}^{a-1}\nu$$

ou encore

$$\binom{n}{1}\sum_{0}^{a-a_2-1}{}_i\,(a_2+i)^{n-1}+\ldots+\binom{n}{n-1}\sum_{0}^{a-a_2-1}{}_i\,(a_2+i).$$

Nous pouvons donc écrire, en définitive,

$$(a)\qquad \binom{n}{1}\sum_{0}^{a-a_2-1}{}_i\,(a_2+i)^{n-1}+\ldots+\binom{n}{n-1}\sum_{0}^{a-a_2-1}{}_i\,(a_2+i)$$

$$=\binom{n}{1}\sum_{1}^{a_1-1}\nu^{n-1}+\ldots+\binom{n}{n-1}\sum_{1}^{a_1-1}\nu+a_1+a_2-a.$$

La démonstration du théorème de Fermat sera faite lorsqu'on aura démontré que cette dernière équation, pour n'importe quelles valeurs de a, a_2, a_1, n'est qu'une inégalité et ne peut donner que des nombres inégaux.

Il y a trois cas à distinguer :

$$\sum_{0}^{a-a_2-1}(a_2+i)\gtreqless\sum_{1}^{a_1-1}\nu.$$

Regardons d'abord les deux premiers (à compter de haut en bas).

Soient A, B, ..., E des nombres quelconques entiers et positifs en plus petit nombre que les nombres a, b, c, ..., 2, 1 ; alors, si la somme totale des premiers est égale ou plus grande que celle des seconds, je dirai plus brièvement : si

$$\mathrm{A}+\mathrm{B}+\ldots+\mathrm{E}\geqq a+b+\ldots+3+2+1,$$

alors, on a toujours pour n'importe quel $\beta\,(\overline{1,\,2,\,\ldots,\,n-1})$,

$$\mathrm{A}^\beta+\mathrm{B}^\beta+\ldots+\mathrm{E}^\beta>a^\beta+b^\beta+\ldots+3^\beta+2^\beta+1.$$

Il s'ensuit de cela que forcément dans la supposition

$$\sum_{0}^{a-a_2-1}{}_i\,(a_2+i)\geqq\sum^{a_1-1}\nu,$$

on a toujours

$$\binom{n}{1}\sum_{0}^{a-a_2-1} i\,(a_2+i)^{n-1}+\ldots+\binom{n}{n-1}\sum_{0}^{a-a_2-1} i\,(a_2+i)$$

$$>\left[\binom{n}{1}\sum_{1}^{a_1-1}\nu^{n-1}+\ldots+\binom{n}{n-1}\sum_{1}^{a_1-1}\nu\right].$$

Reste à prouver que la différence de ces deux expressions de l'inégalité ne peut jamais être égale à a_1+a_2-a.

Pour cela, nous pouvons nous servir de la formule

$$\sum_{0}^{\gamma-\nu-1} i\,(a_2+i)^{p+1}=a_2\sum_{0}^{\gamma-\nu-1} i\,(a_2+i)^{p}+a_2^{p}\sum_{1}^{\gamma-\nu-1} k+\binom{p}{1}a_2^{p-1}\sum_{1}^{\gamma-\nu-1} k^2+\ldots$$

$$+\binom{p}{p-1}a_2\sum_{1}^{\gamma-\nu-1} k^{p}+\sum_{1}^{\gamma-\nu-1} k^{p+1},$$

formée dans la supposition que $\gamma-\nu=a-a_2$.

Reproduire ici la formation de cette formule serait trop long, mais nous pouvons bien en tirer pour $p=1$ la formule particulière que voici :

$$\sum_{0}^{a-a_1-1} i\,(a_2+i)^2=a_2\sum_{0}^{a-a_2-1} i\,(a_2+i)+a_2\sum_{1}^{a-a_2-1} k+\sum_{1}^{a-a_2-1} k^2,$$

et la vérifier comme suit :

$$a-a_2=1;$$

$$\sum_{0}^{a-a_1-1} i\,(a_2+i)^2=\sum_{0}^{0} i\,(a_2+i)^2=a_2^2,$$

$$a_2\sum_{0}^{a-a_2-1} i\,(a_2+i)+a_2\sum_{1}^{a-a_2-1} k+\sum_{1}^{a-a_2-1} k^2$$

$$=a_2\sum_{0}^{0} i\,(a_2+i)+a_2\sum_{1}^{0} k+\sum_{1}^{0} k^2=a_2.a_2+0+0=a_2^2$$

$$a-a_2=2;$$

$$\sum_{0}^{1} i\,(a_2+i)^2=a_2^2+(a_2+1)^2=2a_2^2+2a_2+1,$$

$$a_2\sum_{0}^{1} i\,(a_2+i)+a_2\sum_{1}^{1} k+\sum_{1}^{1} k^2=a_2(a_2+a_2+1)+a_2+1=2a_2^2+2a_2+1.$$

$$a - a_2 = 3 :$$

$$\sum_0^2 i\,(a_2 + i)^2 = a_2^2 + (a_2 + 1)^2 + (a_2 + 2)^2 = 3a_2^2 + 6a_2 + 1 + 2^2 ;$$

$$a_2 \sum_0^2 i\,(a_2 + i) + a_2 \sum_1^2 k + \sum_1^2 k^2$$

$$= a_2(a_2 + a_2 + 1 + a_2 + 2(+ a_2(1 + 2) + 1 + 2^2 = 3a_2^2 + 6a_2 + 1 + 2^2.$$

La formule étant vérifiée, nous allons voir que déjà pour $\beta = 2$, on a

$$\sum_0^{a-a_2-1} i\ (a_2 + i)^2 - \sum^{a_1-1} \nu^2 > \sum^{a_1-1} \nu.$$

Démonstration. — Notre formule était

$$\sum_0^{a-a_2-1} i\ (a_2 + i)^2 = a_2 \sum^{a-a_2-1} (a_2 + i) + a_2 \sum_1^{a-a_2-1} k + \sum_1^{a-a_2-1} k^2.$$

Dans l'hypothèse que nous sommes, que

$$\sum_0^{a-a_2-1} i\ (a_2 + i) \geqq \sum_1^{a_1-1} \nu,$$

on peut écrire respectivement :

$$\sum_0^{a-a_2-1} i\ (a_2 + i)^2 \geqq a_2 \sum_1^{a_1-1} \nu + a_2 \sum_1^{a-a_2-1} k + \sum_1^{a-a_1-1} k^2.$$

On a donc, pour les deux cas,

$$\sum_0^{a-a_2-1} i\ (a_2 + i)^2 > a_2 \sum^{a_1-1} \nu > a_1 \sum^{a_1-1} \nu. \tag{1}$$

D'autre part, on a

$$a_1 \sum^{a_1-1} \nu = a_1 \frac{(a_1 - 1)a_1}{2} = \frac{1}{2} a_1^3 - \frac{1}{2} a_1^2 = \left(\frac{1}{3} + \frac{1}{6}\right) a_1^3 - \frac{1}{2} a_1^2,$$

$$\sum^{a_1-1} \nu^2 = \frac{1}{6} (2a_1^3 - 3a_1^2 + a_1), \qquad \frac{1}{3} a_1^3 - \frac{1}{2} a_1^2 + \frac{1}{6} a_1.$$

Donc

$$a_1 \sum_{1}^{a_1-1} \nu > \sum_{1}^{a_1-1} \nu^2 \tag{2}$$

à partir déjà de $a_1 = 2$.

Il s'ensuit donc de (1) et (2) :

$$\sum^{a-a_2-1} (a_2+i)^2 > a_2 \sum_{1}^{a_1-1} \nu > a_1 \sum_{1}^{a_1-1} \nu > \sum_{1}^{a_1-1} \nu^2.$$

Cette suite d'inégalités nous fait voir que $\sum (a_2+i)^2$ dépasse $\sum \nu^2$ d'une quantité plus grande que $(a_2 - a_1)\sum\limits_{1}^{a_1-1} \nu$.

Donc, même pour $a_2 - a_1 = 1$, on a

$$\sum^{a-a_2-1} (a_2+i)^2 - \sum \nu^2 > \sum_{1}^{a_1-1} \nu = \frac{(a_1-1)a_1}{2}.$$

Or, $a_1 + a_2 - a$ est par définition plus petit que a_1.

Les différences des termes respectifs (du même degré) allant en grandissant, il s'ensuit que la différence

$$\left[\binom{n}{1} \sum_{0}^{a-a_2-1} (a_2+i)^{n-1} + \ldots + \binom{n}{n-1} \sum^{a-a_2-1} (a_2+i)\right]$$
$$-\left[\binom{n}{1} \sum^{a_1-1} \nu^{n-1} + \ldots + \binom{n}{n-1} \sum^{a} \nu\right]$$

ne peut jamais être égale à $a_1 + a_2 - a$. C. Q. F. D.

Reste le cas

$$\sum^{a-a_2-1} (a_2+i) < \sum^{a_1-1} \nu.$$

Il y a là deux possibilités à distinguer :

1° On a

$$\sum^{a-a_2-1} (a_2+i)^\beta < \sum^{a_1-1} \nu^\beta \quad \text{pour tout } \beta \qquad (\beta = 1, 2, \ldots, n-1);$$

alors

$$\binom{n}{1} \sum^{a_1-1} \nu^{n-1} + \ldots + \binom{n}{n-1} \sum \nu$$

sera plus grand que

$$\binom{n}{1}\sum^{a-a_2-1}(a_2+i)^{n-1}+\ldots+\binom{n}{n-1}\sum(a_2+i).$$

Comme, en outre, a_1+a_2-a est par définition toujours positif, il s'ensuit que dans ce cas le côté droit de la relation (α) sera toujours plus grand que le côté gauche.

2° On a

$$\sum_{0}^{a-a_2-1}{}_i\,(a_2+i)^\beta<\sum^{a_1-1}\nu^\beta$$

pour tous les β de 1 jusqu'à $\beta=\beta'-1$ et à partir de $\beta=\beta'$, on a

$$\sum_{0}^{a-a_2-1}{}_i\,(a_2+i)^\beta>\sum_{1}^{a_1-1}\nu^\beta.$$

Les différences des termes respectifs sont en partie positives et en partie négatives, et il faut montrer que la somme de ces différences n'est jamais zéro, ou bien que les deux expressions de la relation (α), dans ce cas aussi, ne peuvent jamais être égales; en un mot, il faut démontrer qu'il n'y a jamais compensation.

Mais avant de faire cela, il est peut-être utile de comparer les résultats de cette démonstration avec ceux de la démonstration antérieure.

1° Pour $\sum(a_2+1)>\sum\nu$, on voit que tous les termes du même degré, par conséquent aussi les relations (II), donnent des inégalités.

Reste a_1+a_2-a, ou la relation $a_1+a_2=a$.

On peut avoir $a_1+a_2-a=0$, la relation $a_1+a_2=a$ peut donc être une égalité et l'on peut avoir aussi $a_1+a_2>a$. Cela reste conforme aux résultats de la démonstration antérieure que les relations (II) peuvent être toutes des inégalités ou contenir une seule inégalité.

2° Pour $\sum(a_2+i)=\sum\nu$, il n'en est pas ainsi, puisque nous supposons déjà une égalité; il faut, d'après la démonstration antérieure, que $a_1+a_2>a$, et cela peut se voir aisément. En effet, par exemple, pour $a-a_2=1$, $i=0$; $\sum_0^0{}_i(a_2+i)=a_2$, on a

$$a_2=\frac{(a_1-1)a_1}{2},\qquad 2a_2=a_1^2-a_1.$$

Pour ce cas, il faut encore prendre $a = a_2 + 1$. Or, si l'on prend $a_1 + a_2 = a$, cela donne $a_1 = 1$, $a_2 = 0$, $a = 1$.

Et cela concorde avec le résultat que donne $\sum_1^{a-1}\nu - \sum_1^{a_2-1}\nu = \sum_1^{a_1-1}\nu$ comme égalité pour $a_1 + a_2 = a$. Car la relation comme égalité donne

$$a_1^2 + a_2^2 - a^2 = a_1 + a_2 - a.$$

Pour $a_1 + a_2 = a$, on a

$$a_1^2 + a_2^2 = a^2.$$

Or, pour $a = a_2 + 1$, on a

$$a^2 = a_2^2 + 2a_2 + 1, \qquad a_1^2 = 2a_2 + 1,$$

ce qui n'existe que pour $a_2 = 0$, $a_1 = 1$.

Il résulte donc que, dans ce cas, il faut prendre $a_1 + a_2 > a$, et cela est conforme au résultat antérieur que les relations (II) ne peuvent contenir plus qu'une égalité.

3° Pour $\sum(a_2 + i) < \sum\nu$, cela est évident qu'il ne peut y avoir au milieu plus qu'une égalité. D'après nos résultats, il faut dire que dans ce cas, le terme $a_1 + a_2 - a$ n'est pas égal à zéro, et lorsque $a_1 + a_2 - a = 0$, il n'y a pas au milieu d'égalité.

Mais il est bien possible que $a_1 + a_2 > a$ et qu'il n'y ait au milieu aucune égalité.

De tout cela, il appert que les deux démonstrations concordent entièrement, et, de plus, que ce qui était dans la première démonstration hypothèse est dans la deuxième tangible réalité.

DÉMONSTRATION DE L'IMPOSSIBILITÉ DE TOUTE COMPENSATION.

Soit

$$A = \binom{n}{1}y_1 + \binom{n}{2}y_2 + \ldots + \binom{n}{n-2}y_{n-2} + \binom{n}{n-1}y_{n-1},$$

où $y_1, y_2, \ldots, y_{n-1}$ sont des nombres quelconques entiers et positifs.

Au lieu d'un terme $\binom{n}{\beta}y_\beta$ de cette expression A, j'en prends maintenant un autre, je veux dire, je remplace $\binom{n}{\beta}y_\beta$ en A par $\binom{n}{\beta}y'_\beta$, où y'_β est un nombre quelconque et entier.

Il est évident que A gardera sa valeur lorsqu'on prendra la différence

$$\binom{n}{\beta}(y'_\beta - y_\beta) = \binom{n}{\beta}v_\beta,$$

et on l'ajoutera à un autre terme quelconque en A, en sens inverse.

Soit ce terme, le terme $\binom{n}{\alpha}y_\alpha$; alors ce terme deviendra

$$\binom{n}{\alpha}y'_\alpha = \binom{n}{\alpha}y_\alpha - \binom{n}{\beta}v_\beta$$

$$= \binom{n}{\alpha}\left[y_\alpha - \frac{\binom{n}{\beta}v_\beta}{\binom{n}{\alpha}}\right] = \binom{n}{\alpha}\left[y_\alpha - \frac{\binom{n}{\beta}(y'_\beta - y_\beta)}{\binom{n}{\alpha}}\right].$$

L'expression identique (comme somme) à A, que je désigne par A', sera donc :

$$A' = \binom{n}{1}y_1 + \binom{n}{2}y_2 + \ldots + \binom{n}{\alpha}y'_\alpha + \ldots + \binom{n}{\beta}y'_\beta + \ldots + \binom{n}{n-1}y_{n-1}.$$

De la même façon on formera d'autres pairs ou tous les autres pairs de termes de A'.

On peut bien même faire cela de façon que plusieurs termes en A' fassent compensation à un seul terme; je veux dire que leur somme de différences d'avec les termes leur correspondant, ou qu'on a fait même arbitrairement leur correspondre en A, fasse compensation à la différence d'un seul terme en A' d'avec le terme lui correspondant en A.

Si l'on met

$$\binom{n}{c}v_c = -\left[\binom{n}{\gamma}v_\gamma + \binom{n}{\delta}v_\delta + \binom{n}{\varepsilon}v_\varepsilon + \ldots\right],$$

on aura ainsi

$$\binom{n}{c}y'_c = \binom{n}{c}\left[y_c - \frac{\binom{n}{\gamma}(y'_\gamma - y_\gamma) + \binom{n}{\delta}(y'_\delta - y_\delta) + \ldots}{\binom{n}{c}}\right].$$

On voit que la compensation revient à la formation d'expressions dans ce genre quelles que soient les expressions et les nombres auxquels elle s'applique.

Or, avec des expressions dans ce genre, on peut bien simplement et sûrement détruire les puissances successives d'une même base qu'à l'expression A, mais l'on ne peut jamais en faire renaître une autre succession de puissances de degré $n-1$ jusqu'à 1, que nous montrent toutes les deux expressions de la relation (a), dont nous voulions qu'une présente A et l'autre A'. C. Q. F. D.

Exemple. — Soit

$$A = \binom{5}{1}8^4 + \binom{5}{2}8^3 + \binom{5}{3}8^2 + \binom{5}{4}8 = 26280.$$

Je me propose de former une autre expression identique à celle-là, comme somme, en modifiant les quatrième et deuxième, les troisième et premier termes. Je veux ajouter à y_4 le nombre 324 et à y_3 le nombre 3000.

Alors, on a

$$\binom{5}{1}y_4 = 5 \times 8, \qquad \binom{5}{1}y'_4 = \binom{5}{1} \times 332,$$

et pour $\binom{5}{2}y'_2$, la formule donne

$$\binom{5}{2}y'_2 = \binom{5}{2}\left[y_2 - \frac{\binom{5}{1}(y'_4 - y_4)}{\binom{5}{2}}\right] = \binom{5}{2}\left[8^3 - \frac{\binom{5}{4}(332-8)}{\binom{5}{2}}\right] = 10.350.$$

De même, on aura

$$\binom{5}{3}y_3 = 10 \times 8^2; \qquad \binom{5}{3}y'_3 = \binom{5}{3}(3000 + 8^2)$$

et pour $\binom{5}{1}y'_1$, on aura

$$\binom{5}{1}y'_1 = \binom{5}{1}\left[y_1 - \frac{\binom{5}{3}(y'_3 - y_3)}{\binom{5}{1}}\right] = 5\left[8^4 - \frac{\binom{5}{3} \times 3000}{5}\right] = -5.1904.$$

On a donc

$$A' = -\binom{5}{1} \times 1904 + \binom{5}{2} \times 350 + \binom{5}{3} \times 3064 + \binom{5}{4} \times 332 = 26280.$$

Donc A et A' sont bien identiques comme somme, mais les chiffres que nous avons trouvés sont loin de présenter une succession de puissances tombantes et il ne peut pas en être jamais autrement.

Exemples. — En conformité des cas possibles, nous prenons

d'abord

$$(1) \qquad \sum_{0}^{a-a_2-1} (a_2+i) > \sum_{1}^{a_1-1} \nu.$$

Pour $a=9$, $a_2=7$, $a_1=5$, on a

$$\binom{n}{1}\sum_{0}^{9-7-1}(7+i)^{n-1}+\binom{n}{2}\sum_{0}(7+i)^{n-2}+\ldots+\binom{n}{n-1}\sum(7+i)$$

$$=\binom{n}{1}\sum^{4}\nu^{n-1}+\binom{n}{2}\sum^{4}\nu^{n-2}+\ldots+\binom{n}{n-1}\sum^{4}\nu+5+7-9.$$

Si l'on prend, par exemple, $n=5$, cela peut s'écrire

$$(A) \qquad 5(7^4+8^4) + 10(7^3+8^3) + 10(7^2+8^2) + 5(7+8)$$
$$5(2401+4096)+10(343+512)+10(49+64)+5(7+8)$$

$$=5\sum^{4}\nu^4 + 10\sum^{4}\nu^3 + 10\sum^{4}\nu^2 + 5\sum^{4}\nu + 3$$
$$(B) \qquad = 5\times 354 + 10\times 100 + 10\times 30 + 5\times 10 + 3.$$

On voit que tous les termes de (A) sont plus grands que les termes de (B) du même degré.

Il en sera de même pour le cas

$$\sum^{a-a_2-1}(a_2+i) = \sum^{a_1-1}\nu.$$

On l'obtiendra en prenant $a=9$, $a_2=7$, $a_1=6$, et l'on aura, par exemple, pour $n=5$,

$$5(7^4+8^4)+10(7^3+8^3)+10(7^2+8^2)+5(7+8)$$
$$+\,32485 + 8550 + 1130 + 75 \qquad = [illegible]$$
$$=5\sum^{5}\nu^4 + 10\sum^{5}\nu^3 + 10\sum^{5}\nu^2 + 5\sum^{5}\nu + 6 + 7 - 9$$
$$=5\times 979 + 10\times 225 + 10\times 55 + 5\times 15 + 4$$
$$= 4895 + 2250 + 550 + 75 + 1 \qquad = 7771$$

En vérité, on a

$$9^5-7^5=59049-16807=42242, \qquad 6^5=7776,$$

mais notre formule prend la différence

$$(9^5-9)-(7^5-7)=59040-16800=42240.$$

De même, au lieu de 6^5, notre formule prend

$$(6^5 - 6) + 6 + 7 - 9 = 7770 + 4 = 7774.$$

Pour le cas

$$\text{(III)} \qquad \sum^{a-a_1-1} (a_2 + i) < \sum^{a_1-1} \nu,$$

prenons $a = 9$; $a^2 = 8$, $a_1 = 7$;

$$\binom{n}{1} \sum_{0}^{9-8-1} i\,(8+i)^{n-1} + \binom{n}{2} \sum_{0}^{0} i\,(8+i)^{n-2} + \ldots + \binom{n}{n-1} \sum_{0}^{0} i\,8 + i$$

$$= \binom{n}{1} \sum^{6} \nu^{n-1} + \binom{n}{2} \sum^{6} \nu^{n-2} + \ldots + \binom{n}{n-1} \sum^{6} \nu + 7 + 8 - 9.$$

Si l'on prend encore, par exemple, $n = 5$, nous pouvons écrire

$$5 \times 8^4 + 10 \times 8^3 + 10 \times 8^2 + 5 \times 8$$
$$= 5 \sum^{6} \nu^4 + 10 \sum^{6} \nu^3 + 10 \sum^{6} \nu^2 + 5 \sum^{6} \nu + 7 + 8 - 9$$
$$5 \times 4096 + 10 \times 512 + 10 \times \underline{64} + 5 \times \underline{8}$$
$$= 5 \times 2275 + 10 \times 441 + 10 \times \underline{91} + 5 \times \underline{21} + 6.$$

On voit que les deux premiers termes sont plus grands à droite qu'à gauche, mais l'expression à gauche est quand même plus grande que celle de droite et il en sera de même pour n'importe quel $n > 3$, parce que, à partir de $c = 3$, tout $8^c > \sum^{6} \nu^c$.

J'ai dit pour n'importe quel $n > 3$; en effet, pour $n = 3$, il n'en est pas ainsi.

Car on a pour $n = 3$,

$$3 \times 8^2 + 3 \times 8 = 3 \sum^{6} \nu^2 + 3 \sum \nu + 7 + 8 - 9,$$
$$3 \times 64 + 3 \times 8 = 3 \times 91 + 3 \times 21 + 6$$
$$= 216 = 336 + 6,$$

où le côté droit est plus grand.

De même pour $n = 2$,

$$2 \times 8 = 2 \sum^{6} \nu + 6$$
$$= 2 \times 21 + 6,$$

et cela correspond au cas dont nous avons dit que, pour tout β, on a toujours

$$\sum^{n-a_2-1} (a_2+i)^\beta < \sum^{a_1-1} \nu^\beta.$$

DÉMONSTRATION DE LA NON-EXISTENCE DANS LE TABLEAU DE a^n DE DEUX SYSTÈMES D'ÉLÉMENTS QUI SOIENT ÉGAUX.

Soient

$$(A) \quad \left\{ \begin{array}{l} \binom{n}{1} a_1^{n-1} + \ldots + \binom{n}{n-1} a_1, \\ \binom{n}{1} a_2^{n-1} + \ldots + \binom{n}{n-1} a_2, \\ \ldots\ldots\ldots\ldots\ldots\ldots\ldots\ldots, \\ \binom{n}{1} a_r^{n-1} + \ldots + \binom{n}{n-1} a_r \end{array} \right.$$

et

$$(B) \quad \left\{ \begin{array}{l} \binom{n}{1} b_1^{n-1} + \ldots + \binom{n}{n-1} b_1, \\ \binom{n}{1} b_2^{n-1} + \ldots + \binom{n}{n-1} b_2, \\ \ldots\ldots\ldots\ldots\ldots\ldots\ldots\ldots, \\ \binom{n}{1} b_s^{n-1} + \ldots + \binom{n}{n-1} b_s \end{array} \right.$$

deux systèmes (A) et (B) de r resp. s lignes du tableau de a^n sans les Unités qui se trouvent au bout de chaque ligne. Appelons ces lignes sans les Unités des Éléments. (Nous écrivons Éléments et Unités avec E resp. U majuscules.) Pour fixer nos idées, supposons qu'on ait $r < s$.

Cela posé, nous affirmons que ces deux systèmes ne sont jamais égaux pour n'importe quelles valeurs qu'on donne aux a et aux b.

Démonstration. — Pour qu'il y ait égalité entre A et B, il faudrait qu'on ait

$$\sum_{\nu=1}^{r} a_\nu^\beta = \sum_{\nu=1}^{s} b_\nu^\beta \quad \text{pour tout } \beta \qquad (\beta = n-1, \ldots, 2, 1).$$

On peut distinguer trois cas :

$$a_1 + a_2 + \ldots + a_r \gtreqless b_1 + b_2 + \ldots + b_s.$$

Pour les deux premiers cas, on a toujours

$$a_1^\beta + a_2^\beta + \ldots + a_r^\beta > b_1^\beta + b_2^\beta + \ldots + b_s^\beta.$$

Le nombre r des a étant plus petit que s, le nombre des b à somme totale égale ou même plus grande, il s'ensuit que la somme de puissances aux bases des a est plus grande que celle aux bases des b pour n'importe quel β ($\beta > 1$).

La somme que présente le système (A) est donc plus grande que celle du système (B).

Reste le cas

$$a_1 + a_2 + \ldots + a_r < b_1 + b_2 + \ldots + b_s.$$

Il faut distinguer ici deux possibilités :

1° On a toujours

$$a_1^\beta + a_2^\beta + \ldots + a_r^\beta < b_1^\beta + b_2^\beta + \ldots + b_s^\beta$$

pour n'importe quel β.

Dans ce cas, il est évident que le système (B) sera plus grand que le système (A).

2° On a d'abord

$$a_1^\beta + \ldots + a_r^\beta < b_1^\beta + \ldots + b_s^\beta$$

pour tous les β qui vont de $\beta = 1$ jusqu'à $\beta = \beta' - 1$, et à partir de $\beta = \beta'$, on a

$$a_1^\beta + \ldots + a_r^\beta > b_1^\beta + \ldots + b_s^\beta.$$

On voit que, pour qu'il y ait égalité entre les deux systèmes, il faudrait que l'on ait

$$\sum_{\beta'}^{n-1} \beta \binom{n}{\beta} \left[(a_1^\beta + a_2^\beta + \ldots + a_r^\beta) - (b_1^\beta + b_2^\beta + \ldots + b_s^\beta) \right]$$
$$= \sum_{1}^{\beta'-1} \beta \binom{n-\beta}{\beta} \left[(b_1^\beta + b_2^\beta + \ldots + b_s^\beta) - (a_1^\beta + a_2^\beta + \ldots + a_r^\beta) \right],$$

c'est-à-dire qu'il faudrait qu'il y ait compensation entre les termes des différents degrés. Dans notre démonstration de l'impossibilité d'égalité par compensation que nous avons faite pour le théorème de Fermat (p. 17-20), nous avons apporté la preuve générale que là où il y a compensation, il ne peut pas y avoir succession de puissances de degré 1 jusqu'à $n-1$ si l'expression à laquelle une autre doit être égale par compensation a déjà elle-même une telle succession de puissances. Or, nos deux systèmes (A) et (B) gardent tous les deux cette succession de puissances et aggravée encore par le fait qu'il s'agit de succession de sommes de puissances et, par conséquent, l'expression pour l'un de ces systèmes ne peut être seulement compensation de l'autre et lui être égale comme somme.

DÉMONSTRATION DE L'IMPOSSIBILITÉ QU'UN ÉLÉMENT QUELCONQUE DU TABLEAU DE a^n SOIT ÉGAL A UNE SOMME QUELCONQUE D'ÉLÉMENTS DU MÊME TABLEAU.

Soit

$$\binom{n}{1}\nu^{n-1}+\binom{n}{2}\nu^{n-2}+\ldots+\binom{n}{n-1}\nu$$

un tel Élément, alors j'affirme qu'il n'est jamais égal à une somme d'Éléments quelconques :

$$\begin{array}{l}\binom{n}{1}\nu_1^{n-1}+\binom{n}{2}\nu_1^{n-2}+\ldots+\binom{n}{n-1}\nu_1,\\ \binom{n}{1}\nu_2^{n-1}+\binom{n}{2}\nu_2^{n-1}+\ldots+\binom{n}{n-1}\nu_2,\\ \ldots\ldots\ldots\ldots\ldots\ldots\ldots\ldots\ldots\ldots,\\ \binom{n}{1}\nu_\alpha^{n-1}+\binom{n}{2}\nu_\alpha^{n-2}+\ldots+\binom{n}{n-1}\nu_\alpha,\end{array}$$

je veux dire quelles que soient les valeurs qu'on attribue à $\nu_1, \nu_2, \ldots, \nu_\alpha$.

Démonstration. — Pour $\nu \geqq \nu_1+\nu_2+\ldots+\nu_\alpha$, il est évident que pour n'importe quel β on a toujours

$$\nu^\beta > \nu_1^\beta+\nu_2^\beta+\ldots+\nu_\alpha^\beta \qquad (\beta = n-1, \ldots, 2, 1).$$

L'Élément à la base ν sera donc, dans ces deux cas, plus grand que la somme d'Éléments que l'on compare avec lui.

Reste le cas

$$\nu < \nu_1+\nu_2+\ldots+\nu_\alpha,$$

et ici nous avons à distinguer les mêmes possibilités que pour les deux systèmes d'Éléments :

1° On a pour tout β ($\beta = n-1, \ldots, 2, 1$) cette inégalité

$$\nu^\beta < \nu_1^\beta + \nu_2^\beta + \ldots + \nu_\alpha^\beta,$$

et alors la somme d'Éléments que nous comparons avec l'Élément à la base ν est plus grande par la somme totale de ces Éléments que l'Élément en question.

2° On a d'abord

$$\nu^\beta < \nu_1^\beta + \nu_2^\beta + \ldots + \nu_\alpha^\beta,$$

et à partir de $\beta = \beta'$, on a

$$\nu^\beta > \nu_1^\beta + \nu_2^\beta + \ldots + \nu_\alpha^\beta,$$

après avoir passé par l'égalité ou non.

Ici aussi nous trouvons devant nous un cas de compensation, un cas où l'on se demande s'il ne peut pas y avoir compensation.

Mais, comme nous l'avons dit pour les deux systèmes, nous ne pouvons pas supposer ici que l'une des deux expressions soit égale à l'autre et que cette égalité soit faite par compensation. Parce que ici aussi l'Élément et la somme d'Éléments que nous comparons gardent l'un comme l'autre une succession de puissances de $n-1$ à 1, ce qui ne peut pas être lorsqu'une expression est égale à l'autre comme somme et ne diffère de l'autre que par compensation entre leurs termes de différents degrés.

Comme nos deux théorèmes sont valables tous les deux pour n'importe quelles valeurs qu'on donne aux a et aux b, respectivement au ν et aux $\nu_1, \nu_2, \ldots, \nu_\alpha$, nous pouvons résumer ces deux théorèmes dans un seul et l'énoncer comme suit :

Théorème I. — *Dans le tableau de a^n, il n'existe aucun Élément ni aucune somme d'Éléments pris de n'importe quelle façon que ce soit, qui soient égaux dans leur somme totale à la somme totale que présente une somme quelconque d'Éléments de ce tableau.*

DÉMONSTRATION DU THÉORÈME DE FERMAT BASÉE SUR LE THÉORÈME DE NON-EXISTENCE DE DEUX SYSTÈMES D'ÉLÉMENTS ÉGAUX PAR LEURS SOMMES.

Désignons $c^n - c$ par $|c^n|$, alors la relation

$$a^n = a_1^n + a_2^n \quad \text{ou} \quad a^n - a_2^n = a_1^n$$

pourra s'écrire

$$|a^n| - |a_2^n| = |a_1^n| + a_1 + a_2 - a.$$

relation que nous appellerons la relation du théorème de Fermat.

Quand on compare cette relation avec les sommes d'Éléments qui dans le tableau de a^n composent les puissances du $n^{\text{ième}}$ degré, on voit que $|a_1^n|$ présente une somme d'Éléments qui commence immédiatement après la première Unité (1^n), tandis que $|a^n| - |a_2^n|$ présente ν derniers Éléments du tableau de a^n.

Nous avons démontré dans notre démonstration de la non-existence de deux systèmes d'Éléments égaux par leurs sommes totales, que les relations

$$\sum_1^r \nu\, a_\nu^\beta = \sum_1^s \nu\, b_\nu^\beta \qquad (\beta = n-1, \ldots, 2, 1)$$

n'ont jamais lieu, pour n'importe quelles valeurs qu'on donne aux a et b (ces relations n'ayant jamais plus qu'une seule égalité), par conséquent les relations

$$\sum_1^{\nu} k\,(a-k)^\beta = \sum_1^{\nu'-1} p\, p^\beta$$

également n'ont jamais lieu, ce qui dit qu'étant donné le théorème de la non-existence de deux systèmes d'Éléments égaux par leurs sommes, il s'ensuit que le système des ν derniers Éléments aussi n'est jamais égal par sa somme à la somme que présente le système des ν' premiers Éléments.

Or nous venons de voir que ces deux systèmes d'Éléments, les ν derniers et les ν' premiers Éléments, sont respectivement présentés par

$$|a^n| - |a^n| \qquad \text{et} \qquad |a_1^n|.$$

Il s'ensuit donc que nous pouvons dire que la relation

$$|a^n| - |a_2^n| = |a_1^n|$$

n'a jamais lieu.

Nous pouvons en tirer cette conclusion peut-être intéressante que la relation $|a^n| - |a_2^n| = |a_1^n|$, qui est seulement une partie de la relation du théorème de Fermat, est déjà à elle-même une constante inégalité.

Mais en regard de ce fait on peut se demander en vertu de quelle loi il est possible que, malgré l'infinité de variations possibles de la différence $(|a^n| - |a_2^n|) - |a_1^n|$, celle-ci n'est jamais égale à $a_1 + a_2 - a$.

Pour répondre à cela je rappelle à ma démonstration (p. 14-15), d'après laquelle dans les deux cas $\sum(a_2 + i) \geqq \sum \nu$, la différence que présentent les deux côtés de la troisième relation est déjà plus grande que $\sum_{1}^{a_1-1} \nu$, tandis que $a_1 + a_2 - a$ est par définition toujours plus petit que a_1.

Pour la première des deux possibilités du cas $\sum(a_2 + i) < \sum \nu$ (p. 16), la question ne se pose pas, puisque le côté gauche de la relation (a) est toujours plus petit que celui de droite (sans y comprendre $a_1 + a_2 - a$) et que donc la différence en question est toujours négative et ne peut donc jamais être égale à $a_1 + a_2 - a$ qui est par définition positive.

Reste la deuxième possibilité où l'on a $\sum(a_2) + i)^\beta > \sum \nu^\beta$ à partir de $\beta = \beta'$ seulement.

La démonstration de l'impossibilité d'égalité par compensation nous montre bien qu'il ne peut y avoir égalité, mais nous laisse dans l'incertitude si la différence (soustraction du côté droit de celui de gauche) ne peut être négative ou égale à $a_1 + a_2 - a$.

Dans une démonstration qui est trop longue (tenant 7-8 pages) pour être reproduite ici, j'ai apporté la preuve que dans le cas où le signe des différences entre les termes du même degré, change, celle de deux expressions de la relation (a) qui, à partir de $\beta = \beta'$, a tous ses termes plus grands que les termes respectifs de l'autre expression, est toujours la plus grande.

Là on voit aussi que l'excédent du côté gauche sur celui de droite, toujours positif, est de degré $n - 2$ en a pour un n plus petit que a, et donc de $n - 1$ et plus pour un n plus grand que a.

La différence $a_1 + a_2 - a$, qui est dans le cas qui nous occupe égale à $a - 2$, ne peut donc faire compensation à une expression de degré $n - 2$ (ou plus) en a.

DÉMONSTRATION DU THÉORÈME DE FERMAT POUR $n = 3$.

J'écris le tableau pour a^3 suivant le modèle du tableau général pour a^n et nous avons

$$\begin{aligned} a^3 = 1^3 &+ 3 \times 1^2 + 3 \times 1 + 1 \\ &+ 3 \times 2^2 + 3 \times 2 + 1 \\ &+ 3 \times 3^2 + 3 \times 3 + 1 \\ &+ \ldots\ldots\ldots\ldots\ldots\ldots \\ &+ 3(a-1)^2 + 3(a-1) + 1. \end{aligned}$$

Étant donné qu'on a

$$3(a-1)^2+3(a-1)+1=\frac{(a-1)a}{2}\times 6+1,$$

notre tableau peut s'écrire :

(I)

$$\begin{aligned} & & 1 \\ a^3 = & +1\times 6 & +1 \\ & +3\times 6 & +1 \\ & +6\times 6 & +1 \\ & +\dots\dots\dots & \\ & +\frac{(a-1)a}{2}\times 6 & +1 \end{aligned}$$

ou bien

(II)
$$a^3=6\sum_{1}^{a-1}\frac{n(n+1)}{2}+a.$$

Cette formule pour a^3 doit nous servir à démontrer le théorème de Fermat pour $n=3$.

Pour trois cubes a^3, a_2^3, a_1^3 écrits dans l'ordre de leurs grandeurs décroissantes, l'équation

(III)
$$6\sum\frac{n(n+1)}{2}+a=6\left[\sum^{a_2-1}\frac{n(n+1)}{2}+\sum^{a_1-1}\frac{n(n+1)}{2}\right]+a_1+a_2$$

est celle qui, suivant le théorème de Fermat, n'a jamais lieu.

Étant donné le facteur 6 dans notre formule (III), on voit qu'il faut qu'on ait

$$a_1+a_2-a=6k$$

et nous pouvons écrire

(1)
$$a_1+a_2=a+6k.$$

D'autre part, nous avons fixé que soit $a>a_2>a_1$; on peut donc écrire

(2)
$$a_2=a_1+\beta,\qquad a=a_2+\gamma=a_1+\beta+\gamma.$$

Il s'ensuit de (1) et (2) ce système d'équations

(IV)
$$\left\{\begin{aligned} a_1 &= 6k+\ \gamma+\beta \\ a_2 &= 6k+\ \gamma+\beta \qquad (a-a_2=\gamma). \\ a &= 6k+2\gamma+\beta \end{aligned}\right.$$

Voilà les conditions qui doivent être remplies entre les a, a_2, a_1 pour que les cubes a^3, a_2^3, a_1^3 soient pris en considération.

Toute l'infinité des combinaisons de trois cubes restant est exclue de nos considérations, la différence a_1+a_2-a de leurs Unités n'étant pas un multiple de 6. (Les unités 1 au bout de chaque ligne du tableau I, j'appelle les Unités et les écris avec U majuscule pour les distinguer d'autres unités.)

Voyons maintenant si l'équation (III) peut parfois avoir lieu entre trois cubes qui remplissent bien nos conditions.

Pour cela divisons la formule (III) par 6 et écrivons-la dans la forme

$$\sum^{a-1}\frac{n(n+1)}{2}-\sum^{a_2-1}\frac{n(n+1)}{2}=\sum^{a_1-1}\frac{n(n+1)}{2}+k$$

ou bien, après substitution pour a, a_2, a_1 de leurs valeurs suivant les équations (IV), dans la forme que voici :

$$\sum^{6k+\beta+2\gamma-1}\frac{n(n+1)}{2}-\sum^{6k+\beta+\gamma-1}\frac{n(n+1)}{2}=\sum^{6k+\gamma-1}\frac{n(n+1)}{2}+k.$$

Or, d'après notre tableau (I), on voit que

$$\text{(V)}\qquad \sum^{a-1}\frac{n(n+1)}{2}-\sum^{a_2-1}\frac{n(n+1)}{2}=\frac{a_2(a_2+1)}{2}+\ldots+\frac{(a-1)a}{2}$$

$$\text{resp.}\quad \sum^{6k+\beta+2\gamma-1}\frac{n(n+1)}{2}-\sum^{6k+\beta+\gamma-1}\frac{n(n+1)}{2}=\frac{(6k+\beta+\gamma)(6k+\beta+\gamma+1)}{2}+\ldots+\frac{(6k+\beta+2\gamma-1)(6k+\beta+2\gamma)}{2}.$$

Suivant que $\gamma=a-a_2$ sera égal à 1, 2, 3, ..., on aura une valeur de $\frac{n(n+1)}{2}$, respectivement la somme de 2, 3, 4, ... de ces valeurs.

Par conséquent tout le problème du théorème de Fermat pour $n=3$ se résout en cette seule question : si c'est possible que

$$\text{(VI)}\qquad \sum_{1}^{a_1-1}\frac{n(n+1)}{2}+k_q\quad\text{resp.}\quad\sum_{1}^{6k+\gamma-1}\frac{n(n+1)}{2}+k$$

soit égal aux sommes de valeurs de $\frac{n(n+1)}{2}$ exprimées par les côtés droits des formules (V).

Nous allons voir que c'est une impossibilité absolue.

Pour cela j'ai formé, au moyen d'additions de valeurs de $\frac{n(n+1)}{2}$ deux par deux et en appliquant sur le résultat la formule connue pour les sommes des carrés, j'ai formé la formule

$$\text{(VII)} \qquad \sum_{1}^{n} \frac{n(n+1)}{2} = \frac{1}{6} n(n+1)(n+2).$$

Si l'on applique cette formule à la deuxième des expressions (VI), on obtient

$$\text{(VIII)} \qquad \sum_{1}^{6k+\gamma-1} \frac{n(n+1)}{2} + k = 6^2 k^3 + \gamma \times 3 \times 6k^2 + \gamma^2 \times 3k + \frac{\gamma^3-\gamma}{6},$$

où l'on a toujours

$$\frac{\gamma^3-\gamma}{6} = \sum_{1}^{\gamma-1} \frac{n(n+1)}{2}.$$

Je forme maintenant la somme de ν valeurs de $\frac{n(n+1)}{2}$:

$$\frac{x(x+1)}{2} = \frac{1}{2}x^2 + \frac{1}{2}x,$$

$$\frac{x(x+1)}{2} + \frac{(x+1)(x+2)}{2} = \frac{2}{2}x^2 + \frac{1+\overline{1+2}}{2}x + \frac{1\times 2}{2},$$

. . . .

$$\text{(VIII')} \qquad \sum_{x}^{x+\nu-1} \frac{n(n+1)}{2} = \frac{\nu}{2}x^2 + \frac{\nu^2}{2}x + \sum^{\nu-1} \frac{n(n+1)}{2}.$$

Étant donné que $\gamma = a - a_2$ indique aussi le nombre de valeurs de $\frac{n(n+1)}{2}$, je peux, dans la formule (VIII), écrire ν au lieu de γ et mettre les deux expressions (VII) et (VIII) en équation.

Nous avons ainsi

$$6^2 k^3 + \nu \times 18k^2 + \nu^2 \times 3k + \sum^{\nu-1} \frac{n(n+1)}{2} = \frac{\nu}{2}x^2 + \frac{\nu^2}{2}x + \sum^{\nu-1} \frac{n(n+1)}{2}.$$

En multipliant par 6 et en écrivant y pour $6k$, on a

$$y^3 = 3\nu(x^2 - y^2) + 3\nu^2(x - y).$$

S'il y avait jamais égalité dans les deux expressions (VIII) et (VIII'), cela serait en nombres entiers, parce que ces expressions ne présentent jamais que des nombres entiers. Il faut donc pouvoir mettre $x = y + \alpha$, où α serait un nombre entier.

Nous avons ainsi :

$$y^3 = 3\nu(2\alpha y + \alpha^2) + 3\nu^2\alpha.$$

J'opère maintenant pour résoudre cela en α et j'obtiens

$$\alpha = -\frac{2y + \nu}{2} + \frac{1}{2}\sqrt{\frac{4y^3}{3\nu} + (2y + \nu)^2};$$

$\frac{4y^3}{3\nu}$ est un nombre fractionné où il faut pouvoir mettre $y = 3\nu t$. Cela donne

$$\alpha = -\frac{2 \times 3\nu t + \nu}{2} + \frac{\nu}{2}\sqrt{8 \times \frac{9t^3 + 9t^2 + 3t}{2} + 1}.$$

On voit que $\frac{9t^3 + 9t^2 + 3t}{2}$ doit être une valeur de $\frac{n(n+1)}{2}$ pour que l'expression sous le signe radical présente un carré et que α puisse être un nombre entier.

Or cette expression de troisième degré ne peut jamais être une valeur de $\frac{n(n+1)}{2}$.

La preuve est donc faite qu'aucune somme $\sum^{6k+\gamma-1} \frac{n(n+1)}{2} + k$ pour n'importe quel γ ne peut jamais être une valeur ou une somme de valeurs de $\frac{n(n+1)}{2}$. C. Q. F. D.

On peut encore faire cette démonstration en formant la différence à gauche de la deuxième des formules (V) au moyen de la formule (VII).

On obtient ainsi une formule que je mets en face de la formule (VIII) comme suit :

$$6^2k^3 + \gamma \times 18k^2 + \gamma^2 \times 3k + \frac{\gamma^3 - \gamma}{6}$$
$$= \frac{1}{6}[3\beta^2\gamma + 9\beta\gamma^2 + 7\gamma^3 + 18k(2\beta\gamma + 3\gamma^2) + (3 \times 6^2k^2 - 1)\gamma].$$

Nous multiplions par 6 et observons que les termes contenant γ à gauche se trouvent tous contenus dans l'expression à droite; nous pouvons donc en faire la soustraction des deux côtés de l'équation et obtenons à la fin l'expression

$$k^3 = \frac{\beta\gamma(\beta+3\gamma)}{2\times 6^2} + \frac{\gamma^3}{6^2} + \frac{k\gamma(\beta+\gamma)}{6}.$$

Il n'y a guère, dans cette équation, que γ qui pourrait absorber les 2×6^2, 6^2, 6, à la condition de faire $\gamma = 2\times 6^2$.

Or, on peut facilement faire la preuve (mais elle est un peu trop longue pour être reproduite ici) que déjà pour $\gamma = 6$, l'impossibilité pour trois cubes de satisfaire à l'équation (III) est manifeste.

La vérité du théorème de Fermat pour $n = 3$ est donc directement démontrée et vérifiée.

De la même façon on peut vérifier directement le théorème de Fermat pour n en prenant cette fois, puisque nous n'avons plus affaire à un facteur 6, en prenant, dis-je, dans les équations (IV)

$$a_2 = 6k + \gamma + \beta + \nu, \qquad a - a_2 = \gamma - \nu,$$

et en développant l'expression

$$(6k+\beta+2\gamma)^n - (6k+\beta+\gamma+\nu)^n = (6k+\gamma)^n.$$

On finit par arriver à une équation où à gauche il y a seulement k^n et à droite on a n termes en puissances descendantes de k à partir de k^{n-1} multiplié chacun par une expression en β, γ, ν et divisé respectivement par 6, 6^2, ..., 6^n, et l'on voit que cette expression ne peut jamais avoir une solution en nombres entiers, ni même une solution du tout.

DÉMONSTRATION SYNTHÉTIQUE DU THÉORÈME DE FERMAT EN TROIS PARTIES.

Démonstration du théorème pour $(a+1)^{c+1}$, a^{c+1}, $(a-1)^{c+1}$.

1. Je définis tout a pair par $a = 2c+2$ et tout a impair par $a = 2c+1$. Nous en verrons bientôt la raison.

Pour des exposants ainsi définis, j'écris

$$\begin{aligned}(a+1)^{c+1} = a^{c+1} &+ \binom{c+1}{1} a^{c} + \binom{c+1}{2} a^{c-1} + \ldots \\ &+ \binom{c+1}{c-1} a^{2} + \binom{c+1}{c} a + 1,\end{aligned}$$

$$\begin{aligned}(c+1)\,a^{c} &= (c+1)\left\{\binom{c}{1}\sum^{a-1} \mathrm{v}^{c-1} + \ldots + \binom{c}{c-1}\sum \mathrm{v} + a\right\} \\ (1)\qquad &= (c+1)\left\{\binom{c}{1}\sum^{a-2} \mathrm{v}^{c-1} + \ldots + \binom{c}{c-1}\sum^{a-2} \mathrm{v} + a - 1\right\} \\ &\quad + (c+1)\left\{\binom{c}{1}(a-1)^{c-1} + \ldots + \binom{c}{c-1}(a-1) + 1\right\}.\end{aligned}$$

Si l'on met pour l'expression dans les crochets de la partie (1) sa valeur $(a-1)^{c}$, il s'ensuit

$$\begin{aligned}(a+1)^{c+1} &- a^{c+1} - (c+1)(a-1)^{c} \\ &= (c+1)\left\{\binom{c}{1}(a-1)^{c-1} + \ldots + \binom{c}{c-1}(a-1)\right\} + c + 1 \\ &\quad + \binom{c+1}{2} a^{c-1} + \ldots + \binom{c+1}{c} a + 1.\end{aligned}$$

J'enlève de deux côtés de cette dernière expression la somme $c(a-1)^{c}$ respectivement $(c-1)(a-1)^{c}$. Cela donnera à gauche par l'addition avec $(c+1)(a-1)^{c}$

$$\begin{aligned}&[(c+1) + c\phantom{{}-1}](a-1)^{c} = (a-1)^{c+1} \qquad \text{pour un } a \text{ pair,} \\ \text{resp. } &[(c+1) + c - 1](a-1)^{c} = (a-1)^{c+1} \qquad \text{pour un } a \text{ impair.}\end{aligned}$$

Et nous aurons ainsi pour trois puissances définies de la façon indiquée

(a impair) :

$$(a+1)^{c+1}-a^{c+1}-(a-1)^{c+1}$$
$$=-\quad(c-1)(a-1)^c$$
$$+\quad(c+1)\left\{\binom{c}{1}\quad(a-1)^{c-1}\quad+\ldots+\binom{c}{c-1}(a-1)\right\}$$
$$\times(c+1)\left\{\binom{c}{1}\frac{1}{2}a^{c-1}+\binom{c}{2}\frac{1}{3}a^{c-2}+\ldots+\binom{c}{c-1}\ \frac{1}{c}a\ \right\}+c+2,$$

respectivement

(a pair) :

$$(a+1)^{c+1}-a^{c+1}-(a-1)^{c+1}$$
$$=-\ c(a-1)^c$$
(1) $$+(c+1)\left\{\binom{c}{1}(a-1)^{c-1}+\ldots+\binom{c}{c-1}(a-1)\right\}$$
(2) $$+(c+1)\left\{\binom{c}{1}\ \frac{1}{2}a^{c-1}\quad+\ldots+\binom{c}{c-1}\frac{1}{c}\quad\right\}+c+2.\qquad (b)$$

On voit cette chose importante que pour a pair la partie négative est plus grande que la partie négative de a impair, de la quantité $(a-1)^c$.

Pour cette raison nous nous occuperons de a pair; si l'on peut montrer que pour a pair l'expression (b) est toujours positive, à plus forte raison ce sera le cas pour celle de a impair.

Indépendamment de tout ce que nous savons d'autre part, on peut voir ici même que l'expression est toujours positive.

Il suffit de substituer pour a une valeur quelconque conforme à la condition $a=-2c+2$, qu'on trouvera (cela va sans dire) toujours positive, et d'observer que la partie positive contient une base plus grande que celle de la partie négative, à savoir la base a dans la partie (2) de l'expression (b).

Il s'ensuit de ce fait là qu'à partir du moment que l'expression est devenue positive, elle le sera toujours.

Or, si nous faisons la substitution $a=2c+2=6$; $c=2$, on trouve

$$7^{2+1}-6^3-5^3=-2(6-1)^2$$
$$+(2+1)\left[\binom{2}{1}(6-1)\right]$$
$$+(2+1)\left[\binom{2}{1}\times\frac{1}{2}\times6\right]+2+2$$
$$=\qquad-50+30+18+4\qquad=2.$$

Étant donné que $a=6$, $c=2$ sont les plus petits nombres possibles, pour la substitution dans cette expression, il s'ensuit de cette seule substitution que l'expression (b) est toujours positive.

De même on aura pour $c = 3$, $a = 2.3 + 2 = 8$

$$\begin{aligned} 9^{3+1} - 8^4 - 7^4 &= -3(7)^3 \\ &\quad + 4\left[\binom{3}{1} \times 7^2 + \binom{3}{1} \times 7\right] \\ &\quad + 4\left[\binom{3}{1}\frac{1}{2} \times 8^2 + \binom{3}{2}\frac{1}{3} \times 8\right] + 3 + 2 \\ &= -1029 + 672 + 416 + 5 = \underline{64}. \end{aligned}$$

De même pour $c = 4$, $a = 2.4 + 2 = 10$

$$\begin{aligned} 11^5 - 10^5 - 9^5 &= -4 \times (10 - 1)^4 \\ &\quad + 5[4 \times 9^3 + 6 \times 9^2 + 4 \times 9] \\ &\quad + 5\left[4 \times \frac{1}{2} \times 10^3 + 6 \times \frac{1}{3} \times 10^2 + 4 \times \frac{1}{4} \times 10\right] + 4 + 2 \\ &= -4 \times 6561 + 5 \times 3438 + 5 \times 2210 + 6 = \underline{2002}. \end{aligned}$$

De même on aura pour $c = 5$, $a = 2.5 + 2 = 12$

$$13^6 - 12^6 - 11^6 = -805255 + 526680 + 347832 + 7 = 69264.$$

Quand on met les nombres de la partie (1) en regard de ceux de la partie (2) de cette façon :

30	18
672	416
17190	1150
526680	347832

on voit que les plus petits nombres, ceux qui correspondent aux a^{c-1}, a^{c-2}, ... ont une plus grande accélération, et l'on comprend qu'ils finiront par devenir les plus grands.

Cette plus grande accélération est pour nous la garantie que l'expression (b) sera toujours positive.

Et cela est déjà la démonstration du théorème de Fermat pour tous les systèmes $(a+1)^{c+1}$, a^{c+1}, $(a-1)^{c+1}$ dont les exposants c sont conformes à la condition $a = 2c + 2$.

Une fois cela établi, il est facile de prouver qu'il en est de même pour tout n.

Soient $(a+1)^{c+2}$, a^{c+2}, $(a-1)^{c+2}$ trois puissances, et nous supposons que la preuve est faite pour $(a+1)^{c+1}$, a^{c+1}, $(a-1)^{c+1}$.

On peut écrire

$$(a+1)^{c+2} = (a+1)(a+1)^{c+1} = a(a+1)^{c+1} + (a+1)^{c+1},$$
$$a^{c+2} = a \times a^{c+1},$$
$$(a-1)^{c+2} = a \times (a-1)^{c+1} - (a-1)^{c+1}.$$

Cela donne

$$(a+1)^{c+2} - a^{c+2} - (a-1)^{c+1}$$
$$= a[(a+1)^{c+1} - a^{c+1} - (a-1)^{c+1}] + (a+1)^{c+1} + (a-1)^{c+1}$$

et ainsi de proche en proche pour n'importe quel n.

De tout cela il est bon de retenir cette chose qui n'est pas sans intérêt, que pour tout système de nombres $a+1$, a, $a-1$, il suffit et l'on peut toujours démontrer directement la vérité du théorème de Fermat pour un exposant, à savoir celui qui se détermine par $a = 2c + 2$, $c = \frac{a-2}{2}$.

La vérité du théorème pour tous les autres exposants est une simple conséquence de sa vérité pour cet exposant. Nous verrons cela, dans ce qui suit, encore d'une autre façon.

2. Théorème II. — *Dans le cas de* $\sum^{a-a_1-1}(a_2+i) < \sum^{a_1-1}\nu$, *si à partir de* $\beta = \beta'$ *on a toujours* $\sum(a_2+i)^\beta > \sum \nu^\beta$, *alors*

$$\binom{n}{1}\sum^{a-a_1-1}(a_2+i) + \ldots + \binom{n}{n-1}\sum(a_2+i)$$

est plus grand que

$$\binom{n}{1}\sum^{a_1-1}\nu^{n-1} + \ldots + \binom{n}{n-1}\sum\nu.$$

Démonstrations. — Soit

$$\binom{c}{1}a^{c-1} + \binom{c}{2}a^{c-2} + \ldots + \binom{c}{c-1}a$$
$$< \binom{c}{1}\sum^{a-2}\nu^{c-1} + \ldots + \binom{c}{c-1}\sum^{a-2}\nu + a - 2.$$

Je définis c par être le nombre tel que pour tout $p \geqq c$ l'on a

$$a^p > \sum^{a-2}\nu^p$$

et pour tout $p < c$ l'on a

$$a^p < \sum^{a-2} \nu^p.$$

Cela posé j'affirme que pour tout $n > c$ on aura

$$(a)\quad \binom{n}{1} a^{n-1} + \ldots + \binom{n}{n-1} a > \binom{n}{1} \sum^{a-2} \nu^{n-1} + \ldots + \binom{n}{n-1} \sum^{a-2} \nu + a - 2.$$

Pour le prouver prenons d'abord $n = c + 1$. Cela, d'après notre affirmation, donnera

$$(1)\quad \binom{c+1}{1} a^c + \binom{c+1}{2} a^{c-1} + \ldots + \binom{c+1}{c} a$$
$$> \binom{c+1}{1} \sum^{a-2} \nu^c + \binom{c+1}{2} \sum^{a-2} \nu^{c-1} + \ldots + \binom{c+1}{c} \sum \nu + a - 2.$$

On voit qu'il s'agit maintenant d'exprimer a^c et $\sum \nu^c$ en fonction de a^{c-1}, a^{c-2} et $\sum \nu^{c-1}$, $\sum \nu^{c-2}$, ...

Quand on fait cela de la façon que nous l'avons fait pour démontrer le théorème de Fermat pour les $(a+1)^{c+1}$, a^{c+1}, $(a-1)^{c-1}$ et que l'on transpose l'expression du côté droit au côté gauche, alors on obtient l'expression suivante :

$$(D)\quad \binom{c+1}{1} a^c + \ldots$$
$$+ \binom{c+1}{c} a - \left[\binom{c+1}{1} \sum_{1}^{a-2} \nu^c + \ldots + \binom{c+1}{1} \sum \nu + a - 2 \right]$$

$$(C)\qquad = -c \left\{ \binom{c}{1} \sum^{a-2} \nu^{c-1} + \ldots + \binom{c}{c-1} \sum \nu \right\} - a(c-1)$$

$$(B)\qquad + (c+1) \left\{ \binom{c}{1} (a-1)^{c-1} + \ldots + \binom{c}{c-1} (a-1) \right\}$$

$$(A)\qquad + (c+1) \left\{ \binom{c}{1} \frac{1}{2} a^{c-1} + \ldots + \binom{c}{c-1} \frac{1}{c} a \right\}.$$

Si l'on remplace (C) par sa valeur

$$-c[(a-1)^c - (a-1)] - a(c-1),$$

on obtient

$$(C) = -c(a-1)^c + c + 2 \qquad \text{pour } a = 2c + 2,$$

où nous sommes.

Ce qui donne

$$(\mathrm{D}) = (a+1)^{c+1} - a^{c+1} - (a-1)^{c+1} = -c(a-1)^{c} + (\mathrm{A}) + (\mathrm{B}) + c + 2,$$

expression identique à celle que nous avons déjà trouvée. Il est donc inutile de faire des développements de deux pages de long pour arriver à une formule que nous avons déjà obtenue d'une façon plus brève.

Le fait qu'en partant de deux définitions différentes on arrive en théorie à la même formule qui, vérifiée, se trouve être réelle, nous dit que les deux points de départ sont aussi réels l'un comme l'autre, et en corrélation dans la réalité.

Pour voir cela, je produis les quelques premières relations (1) avec, en regard, les puissances $(a+1)^{c+1}$, a^{c+1}, $(a-1)^{c+1}$, auxquelles elles correspondent.

$6^{2+1}, 5^{2+1}, 4^{2+1}$:

$$3 \times 5^2 + 3 \times \underline{5} = 3\underset{14}{\sum^{a-2}} \nu^2 + \underline{3\underset{6}{\sum^{3}} \nu} + 3$$

$7^{2+1}, 6^{2+1}, 5^{2+1}$:

$$3 \times 6^2 + 3 \times \underline{6} = 3\underset{30}{\sum^{4}} \nu^2 + \underline{3\underset{10}{\sum^{4}} \nu} + 4$$

$8^{3+1}; 7^4, 6^4$:

$$4 \times 7^3 + \underline{6 \times 7^2 + 4 \times 7} = 4\underset{225}{\sum^{5}} \nu^3 + \underline{6\underset{55}{\sum^{5}} \nu^2 + 4\underset{15}{\sum^{5}} \nu} + 5$$

$9^4, 8^4, 7^4$:

$$4 \times 8^3 + \underline{6 \times 8^2 + 4 \times 8} = 4\underset{441}{\sum^{6}} \nu^3 + \underline{6\underset{91}{\sum^{6}} \nu^2 + 4\underset{21}{\sum^{6}} \nu} + 6$$

$10^{4+1}, 9^{4+1}, 8^5$:

$$5 \times 9^4 + \underline{10 \times 9^3 + 10 \times 9^2 + 5 \times 9} = 5\underset{4676}{\sum^{7}} \nu^4 + \underline{10\underset{784}{\sum^{7}} \nu^3 + 10\underset{140}{\sum^{7}} \nu^2 + 5\underset{28}{\sum^{7}} \nu} + 7$$

$11^5, 10^5, 9^5$:

$$5 \times 10^4 + 10 \times 10^3 + 10 \times 10^2 + 5 \times 10 = 5\underset{8772}{\sum^{8}} \nu^4 + \underline{10\underset{1296}{\sum^{8}} \nu^3 + 10\underset{204}{\sum^{8}} \nu^2 + 5\underset{36}{\sum^{8}} \nu} + 8$$

On voit dans ce tableau que le nombre des $\sum \nu^p$ qui sont plus grands que a^p (soulignés dans le tableau) est pareil pour deux a consécutifs dans l'ordre impair-pair, qu'on peut donc à partir de $a = 5$, écrire

$$a = 2c + 2 \quad \text{pour } a \text{ pair,}$$
$$a = 2c + 1 \quad \text{pour } a \text{ impair.}$$

où c indique l'index du premier $\sum \nu^p$ qui est plus petit que a^p, ou du premier a^p qui est plus grand que $\sum \nu^p$, que donc à partir de c on a

$$\sum \nu^c < a^c, \qquad \sum \nu^{c+1} < a^{c+1}, \qquad \ldots$$

Pour revenir à notre théorème, je dirai : puisque l'inégalité (1) conduit à l'expression

$$-c(a-1)^c + (A) + (B) + c + 2,$$

et que nous avons prouvé que cette expression n'a que des valeurs positives, notre théorème est démontré pour $n = c + 1$.

Cela étant, il est facile à démontrer que le théorème est à plus forte raison vrai pour $n > c + 1$.

Car le facteur du $c^{\text{ième}}$ terme (à compter de droite à gauche) était pour $n = c + 1$ le plus petit, ou disons un des deux plus petits entre les facteurs $\binom{n}{1}$, $\binom{n}{2}$ affectés aux a, a^2, ... respectivement $\sum \nu$, $\sum \nu^2$, ...

Si l'on prend maintenant $n = c + \nu$, alors le $c^{\text{ième}}$ terme $\left(a^c, \sum \nu^c\right)$ aura maintenant le facteur $\binom{c+\nu}{c}$.

Or ce facteur n'est plus, comme auparavant, un des deux plus petits des facteurs en question, et cette circonstance va en s'aggravant avec l'accroissement de n, jusqu'à devenir et rester le plus grand entre les premiers c facteurs.

Donc si le théorème est vrai pour $n = c + 1$, il s'ensuit de ce raisonnement d'abord pour les c premiers termes, qu'on a toujours

$$\binom{c+\nu}{c} a^c + \ldots + \binom{c+\nu}{1} a \binom{c+\nu}{c} \sum^{a-2} \nu^c + \ldots + \binom{c+1}{1} \sum \nu + a - 2.$$

Le reste des termes

$$\binom{c+1}{c+\nu-1} a^{c+\nu-1} + \ldots + \binom{c+\nu}{c+1} a^{c+1}$$

est, d'après nos définitions, plus grand que

$$\binom{c+1}{c+\nu-1} \sum \nu^{c+\nu-1} + \ldots + \binom{c+\nu}{c+1} \sum \nu^{c+1},$$

puisqu'on a

$$a^p > \sum^{a-2} \nu^p \qquad \text{pour tout } p \geqq c.$$

La preuve est donc faite que l'expression de gauche de l'inégalité (a) est plus grande que celle de droite. C. Q. F. D.

DÉMONSTRATION DU THÉORÈME DE FERMAT POUR TOUT n ENTIER ET POSITIF BASÉE SUR LE THÉORÈME II.

3. Notre théorème dit que si à partir de $p \geqq c$ on a toujours

$$a^p > \sum \nu^p,$$

alors l'inégalité

$$\binom{c+1}{1} a^c + \ldots + \binom{c+1}{1} a > \binom{c+1}{1} \sum^{a-2} \nu^c + \ldots + \binom{c+1}{c} \sum \nu + a - 2$$

est vraie, et que si cette inégalité est vraie, alors l'inégalité

$$\binom{n}{1} a^{n-1} + \ldots + \binom{n}{n-1} a > \binom{n}{1} \sum \nu^{n-1} + \ldots + \sum \nu + \alpha - 2$$

est vraie aussi.

Or la première inégalité concerne les trois bases $a+1$, a, $a-1$ et dit que la relation $(a+1)^{c+1} - a^{c+1} = (a-1)^{c+1}$ n'a jamais lieu, la deuxième inégalité concerne les trois mêmes bases $a+1$, a, $a-1$ et dit que la relation $(a+1)^n - a^n = (a-1)^n$ n'a jamais lieu pour n'importe quel n.

Il en résulte que le théorème II implique celui-ci :

Si la preuve est faite que la relation $(a+1)^{c+1} - a^{c+1} = (a-1)^{c+1}$ n'a pas lieu, pour une valeur déterminée de a, à savoir pour $c = \frac{a-1}{2}$, respectivement $c = \frac{a-2}{2}$, alors il s'ensuit tout seul que la relation

$$(a+1)^n - a^n = (a-1)^n$$

n'a jamais lieu pour n'importe quel n.

D'autre part nous avons vu (p. 20-21) que pour $\sum(a_2 + i) = \sum \nu$, il faut prendre pour a, a_2, a_1, $a = a_2 + 2$, $a_1 = a_2 - 1$; par conséquent dans notre cas $a_2 = a$, les trois bases sont $a+2$, a, $a-1$; de même nous y avons vu que pour $\sum(a_2+i) > \sum \nu$, il fallait prendre $a = a_2 + 2$, $a_1 = a_2 - 2$, donc dans notre cas $a_2 = a$, les trois bases seront $a+2$, a, $a-2$.

Il en résulte que si la preuve est faite que la relation

$$(a+1)^n - a^n = (a-1)^n$$

n'a pas lieu, et que le côté gauche est toujours plus grand, les relations

$$(a+2)^n - a^n = (a-1)^n,$$
$$(a+2)^n - a^n = (a-2)^n,$$

aussi n'ont pas lieu et qu'à plus forte raison le côté gauche est toujours plus grand.

Reste le cas

$$\binom{c}{1} a^{c-1} + \ldots + \binom{c}{c+1} a < \binom{c}{1} \sum^{a-2} \nu^{c-1} + \ldots + \binom{c}{c-1} \sum \nu^{+a-2}$$

ou

$$(a+1)^c - a^c < (a-1)^c.$$

Or on voit que pour tout $n \leqq c = \frac{a-1}{2}$ respectivement $c = \frac{a-2}{2}$, l'inégalité est évidente puisque l'on a toujours

$$a^{c-1} < \sum^{a-2} \nu^{c-1}, \quad a^{c-2} < \sum \nu^{c-2}, \quad \ldots.$$

Par conséquent la démonstration du théorème II est la démonstration du théorème de Fermat tout entier, pour n entier et positif.

LES FORMULES GÉNÉRALES ET DÉFINITIVES DU THÉORÈME DE FERMAT.

Pour finir ce travail j'ajoute deux formules obtenues de la même façon que les formules pour $(a+1)^{c+1}-(a)^{c+1}-(a-1)^{c+1}$.

Elles sont :

1° $$\begin{aligned}(a+1)^n-a^n-(a-1)^n &= (\beta+1)(a-1)^{n-1}\\ &+\binom{n}{1}\left\{\binom{n-1}{1}(a-1)^{n-2}+\ldots+\binom{n-1}{n-2}(a-1)\right\}\\ &+\binom{n}{1}\left\{\binom{n-1}{1}\frac{1}{2}a^{n-2}+\ldots+\binom{n-1}{n-2}\frac{1}{n-1}a\right\}+n+1\end{aligned}$$

pour $n>a$; $n=a+\beta$ et n'a pas besoin de commentaire.

2° $$\begin{aligned}(a+1)^n-a^n-(a-1)^n &= -(\beta-1)(a-1)^{n-1}\\ &+\binom{n}{1}\left\{\binom{n-1}{1}(a-1)^{n-2}+\ldots+\binom{n-1}{n-2}(a-1)\right\}\\ &+\binom{n}{1}\left\{\binom{n-1}{1}\frac{1}{2}a^{n-2}+\ldots+\binom{n-1}{n-2}\frac{1}{n-1}a\right\}+n+1\end{aligned}$$

pour $n<a$; $n=a-\beta$, et l'on démontre que l'expression est toujours positive, comme nous l'avons fait pour $(a+1)^{c+1}-a^{c+1}-(a-1)^{c+1}$.

(Les cas $(a+2)^n-a^n=(a-1)^n$ et $(a+2)^n-a^n=(a-2)^n$ en résultent par conclusion à plus forte raison.)

3° Pour n'importe quelles trois bases $a+\alpha$, a, $a-\gamma$, on a

1. $$\begin{aligned}(a+\alpha)^n-a^n-(a-\gamma)^n &= (\beta+\gamma)(a-\gamma)^{n-1}\\ &+n\alpha\left[\binom{n-1}{1}\sum_0^{\gamma-1}k(a-k-1)^{n-2}+\ldots+\binom{n-1}{n-2}\sum_0^{\gamma-1}k(a-k-1)\right]\\ &+\binom{n}{1}\left[\binom{n-1}{1}\frac{1}{2}a^{n-2}.\alpha^2+\ldots+\binom{n-1}{n-2}\frac{1}{n-1}a.\alpha^{n-1}\right]+n\alpha\gamma+\alpha^n\end{aligned}$$

pour $n\alpha>a$; $n\alpha=a+\beta$.

11. $$\begin{aligned}(a+\alpha)^n - a^n - (a-\gamma)^n = {} & -(\beta-\gamma)(a-\gamma)^{n-1} \\ & + n\alpha\left[\binom{n-1}{1}\sum_0^{\gamma-1} k(a-k-1)^{n-2} + \ldots \right. \\ & \left. \qquad + \binom{n-1}{n-2}\sum_0^{\gamma-1} k(a-k-1)\right] \\ & + \binom{n}{1}\left[\binom{n-1}{1}\frac{1}{2}a^{n-2}.\alpha^2 + \ldots \right. \\ & \left. \qquad + \binom{n-1}{n-2}\frac{1}{n-1}a.\alpha^{n-1}\right] + n\alpha.\gamma + \alpha^n\end{aligned}$$

pour $n\alpha < a$; $n\alpha = a - \beta$.

D'après ce que nous avons vu jusqu'à présent, ces formules n'ont pas besoin d'être démontrées qu'elles sont toujours positives. Et ainsi de tous les points de vue, le grand problème de Fermat se trouve être entièrement résolu.

Imp. Gauthier-Villars — Paris.

SUPPLÉMENT.

Je laisse suivre quelques Notes dans l'ordre de l'importance des matières auxquelles elles se réfèrent.

ad (pages 42-43).

Vu l'importance des formules que nous donnons (p. 42-43), puisqu'elles contiennent à elles seules déjà toute la solution du problème de Fermat, je crois nécessaire de montrer les procédés de leur formation dans leurs détails.

Pour les formules sous les n°s 1 et 2 on part de $(a+1)^n$.

Nous avons

$$(a+1)^n = a^n + \underline{\binom{n}{1}a^{n-1}} + \underline{\binom{n}{2}a^{n-2} + \ldots + \binom{n}{n-1}a + 1}$$

$$\begin{aligned}\binom{n}{1}a^{n-1} &= \binom{n}{1}\left\{\binom{n-1}{1}\sum_{1}^{a-1}\nu^{n-2} + \ldots + \binom{n-1}{n-2}\sum_{1}^{a-1}\nu + a\right\}\\ &= \binom{n}{1}\left\{\binom{n-1}{1}\sum^{a-2}\nu^{n-2} + \ldots + \binom{n-1}{n-2}\sum^{a-2}\nu + a - 1\right\}\\ &\quad + \binom{n}{1}\left\{\binom{n-1}{1}(a-1)^{n-2} + \ldots + \binom{n-1}{n-2}(a-1) + 1\right\}.\end{aligned}$$

On a donc

$$\begin{aligned}\binom{n}{1}a^{n-1} &= n(a-1)^{n-1}\\ &\quad + \binom{n}{1}\left\{\binom{n-1}{1}(a-1)^{n-2} + \ldots + \binom{n-1}{n-2}(a-1)\right\} + n.\end{aligned}$$

Par conséquent nous avons

$$
\text{(A)}\qquad
\begin{aligned}
&(a+1)^n - a^n - n(a-1)^{n-1} \\
&\quad = \binom{n}{1}\left\{\binom{n-1}{1}(a-1)^{n-2}+\ldots+\binom{n-1}{n-2}(a-1)\right\}+n \\
&\qquad + \binom{n}{2}a^{n-2}+\ldots+\binom{n}{n-1}a+1.
\end{aligned}
$$

1° Soit maintenant $n \geqq a$, alors on peut écrire $n = a + \beta$, où β peut être égal à zéro.

On a ainsi

$$
n-1 = a-1+\beta, \qquad \underline{a-1 = n-(\beta+1)}.
$$

J'ajoute des deux côtés de l'équation (A) la quantité $(\beta+1)(a-1)^{n-1}$, alors nous avons

$$
\begin{aligned}
&(a+1)^n - a^n - n(a-1)^{n-1} + (\beta+1)(a-1)^{n-1} \\
&\quad = (a+1)^n - a^n - [n-(\beta+1)](a-1)^{n-1} \\
&\quad = (a+1)^n - a^n - (a-1)^n \\
&\quad = (\beta+1)(a-1)^{n-1} \\
&\qquad + \binom{n}{1}\left\{\binom{n-1}{1}(a-1)^{n-2}+\ldots+\binom{n-1}{n-2}(a-1)\right\} \\
&\qquad + \binom{n}{1}\left\{\binom{n-1}{1}\frac{1}{2}a^{n-2}+\ldots+\binom{n-1}{n-2}\frac{1}{n-1}a\right\}+n+1.
\end{aligned}
$$

2° Soit

$$
n < a, \qquad n = a-\beta; \qquad n-1 = a-1-\beta, \qquad \underline{a-1 = n+(\beta-1)}.
$$

J'enlève des deux côtés de (A) la quantité $(\beta-1)(a-1)^{n-1}$, alors on a

$$
\begin{aligned}
&(a+1)^n - a^n - n(a-1)^{n-1} - (\beta-1)(a-1)^{n-1} \\
&\quad = (a+1)^n - a^n - [n+(\beta-1)](a-1)^{n-1} \\
&\quad = (a+1)^n - a^n - (a-1)^n \\
&\quad = -(\beta-1)(a-1)^{n-1} \\
&\qquad + \binom{n}{1}\left\{\binom{n-1}{1}(a-1)^{n-2}+\ldots+\binom{n-1}{n-2}(a-1)\right\} \\
&\qquad + \binom{n}{1}\left\{\binom{n-1}{1}\frac{1}{2}a^{n-2}+\ldots+\binom{n-1}{n-2}\frac{1}{n-1}a\right\}+n+1.
\end{aligned}
$$

Pour les formules (I) et (II) sous le n° 3 nous partons de $(a+\alpha)^n$.

On a ainsi

$$(a+\alpha)^n = a^n + \binom{n}{1} a^{n-1}.\alpha + \binom{n}{2} a^{n-2}.\alpha^2 + \ldots + \binom{n}{n-1} a.\alpha^{n-1} + \alpha^n$$

$$\begin{aligned}\binom{n}{1}\alpha.a^{n-1} &= n\alpha\left\{\binom{n-1}{1}\sum_{1}^{a-1}\nu^{n-2}+\ldots+\binom{n-1}{n-2}\sum_{1}^{a-1}\nu + a\right\}\\ &= n\alpha\left\{\binom{n-1}{1}\sum_{1}^{a-\gamma-1}\nu^{n-2}+\ldots+\binom{n-1}{n-2}\sum_{1}^{a-\gamma-1}\nu + a-\gamma\right\}\\ &\quad + n\alpha\left\{\binom{n-1}{1}\sum_{a-(\gamma-1)-1}^{a-1}\nu^{n-2}+\ldots+\binom{n-1}{n-2}\sum_{a-(\gamma-1)-1}^{a-1}\nu + \gamma\right\}.\end{aligned}$$

Au lieu de $\sum\limits_{a-(\gamma-1)-1}^{a-1}\nu^{n-2}$, on peut aussi écrire $\sum\limits_{\gamma-1}^{0}{}^{k}\,(a-k-1)^{n-2}$, et nous avons ainsi

$$\begin{aligned}\binom{n}{1}\alpha.a^{n-1} &= n\alpha(a-\gamma)^{n-1}\\ &\quad + n\alpha\left\{\binom{n-1}{1}\sum_{\gamma-1}^{0}{}^{k}\,(a-k-1)^{n-2}\right.\\ &\quad\quad + \ldots\ldots\ldots\ldots\ldots\ldots\ldots\ldots\\ &\quad\quad \left. + \binom{n-1}{n-2}\sum_{\gamma-1}^{0}{}^{k}\,(a-k-1)\right\} + n\alpha\gamma.\end{aligned}$$

On a donc

$$\text{(A)}\quad\begin{aligned}&(a+\alpha)^n - a^n - n\alpha(a-\gamma)^{n-1}\\ &= n\alpha\left\{\binom{n-1}{1}\sum_{0}^{\gamma-1}{}^{k}\,(a-k-1)^{n-2}\right.\\ &\quad + \ldots\ldots\ldots\ldots\ldots\ldots\ldots\ldots\\ &\quad \left. + \binom{n-1}{n-2}\sum_{0}^{\gamma-1}{}^{k}\,(a-k-1)\right\} + n\alpha\gamma\\ &\quad + \binom{n}{2}a^{n-2}.\alpha^2 + \ldots + \binom{n-1}{n-2}a.\alpha^{n-1} + \alpha^n.\end{aligned}$$

1° Soit maintenant

$$n\alpha > a,\quad n\alpha = a + \beta,\quad n\alpha - \gamma = a - \gamma + \beta,$$
$$a - \gamma = n\alpha - (\beta + \gamma).$$

J'ajoute des deux côtés de (A) la quantité $(\beta+\gamma)(a-\gamma)^{n-1}$, alors nous avons

$$
\begin{aligned}
&(a+\alpha)^n - a^n - n\alpha(a-\gamma)^{n-1} + (\beta+\gamma)(a-\gamma)^{n-1} \\
&\quad = (a+\alpha)^n - a^n - [n\alpha - (\beta+\gamma)](a-\gamma)^{n-1} \\
&\quad = \underline{(a+\alpha)^n - a^n - (a-\gamma)^n} \\
&\quad = (\beta+\gamma)(a-\gamma)^{n-1} \\
&\qquad + n\alpha\left\{\binom{n-1}{1}\sum_0^{\gamma-1} k\,(a-k-1)^{n-2} + \ldots + \binom{n-1}{n-2}\sum_0^{\gamma-1} k\,(a-k-1)\right\} \\
&\qquad + \binom{n}{1}\left\{\binom{n-1}{1}\frac{1}{2}a^{n-2}.\alpha^2 + \ldots + \binom{n-1}{n-2}\frac{1}{n-1}a.\alpha^{n-1}\right\} + n\alpha\gamma + \alpha^n.
\end{aligned}
$$

2° Soit

$$n\alpha < a, \qquad n\alpha = a - \beta; \qquad n\alpha - \gamma = a - \gamma - \beta.$$

$$\underline{a - \gamma = n\alpha + (\beta - \gamma).}$$

J'enlève des deux côtés la quantité $(\beta-\gamma)(a-\gamma)^{n-1}$, alors on a

$$
\begin{aligned}
&(a+\alpha)^n - a^n - n\alpha(a-\gamma)^{n-1} - (\beta-\gamma)(a-\gamma)^{n-1} \\
&\quad = (a+\alpha)^n - a^n - [n\alpha + (\beta-\gamma)](a-\gamma)^{n-1} \\
&\quad = (a+\alpha)^n - a^n - (a-\gamma)^n \\
&\quad = -(\beta-\gamma)(a-\gamma)^{n-1} \\
&\qquad + n\alpha\left\{\binom{n-1}{1}\sum_0^{\gamma-1} k\,(a-k-1)^{n-2} + \ldots + \binom{n-1}{n-2}\sum_0^{\gamma-1} k\,(a-k-1)\right\} \\
&\qquad + \binom{n}{1}\left\{\binom{n-1}{1}\frac{1}{2}a^{n-2}.\alpha^2 + \ldots + \binom{n-1}{n-2}\frac{1}{n-1}a.\alpha^{n-1}\right\} - n\alpha\gamma + \alpha^n.
\end{aligned}
$$

Pour le cas général, on voit encore mieux que la partie positive est plus grande que la partie négative, puisque les puissances de la plus grande base a sont encore multipliés par les puissances $\alpha^2, \alpha^3, \ldots, \alpha^{n-1}$.

Pour $\alpha = 1$, $\gamma = 1$, les formules générales se ramènent aux formules que nous avons obtenues pour $(a+1)^n - a^n - (a-1)^n$ en partant directement de $(a+1)^n$.

Et, pour ces formules, on démontre que la partie positive est toujours plus grande que la partie négative de la même façon que nous l'avons faite pour $(\alpha+1)^{c+1}$, a^{c+1}, $(a-1)^{c-1}$.

ad (page 37).

On trouve aisément la valeur de la différence de l'inégalité (1) de la façon suivante :

Soit

$$\binom{c+1}{1}a^c + \binom{c+1}{2}a^{c-1}+\ldots+\binom{c-1}{c}a$$
$$>\binom{c+1}{1}\sum^{a-2}\nu^c+\binom{c+1}{2}\sum^{a-2}\nu^{c-1}+\ldots+\binom{c-1}{c}\sum\nu-a-2.$$

On a d'abord

$$(c+1)a^c = (c+1)\left\{\binom{c}{1}\sum^{a-2}\nu^{c-1}+\ldots+\binom{c}{c-1}\sum^{a-2}\nu+(a-1)\right\}$$
$$+(c+1)\left\{\binom{c}{1}(a-1)^{c-1}+\ldots+\binom{c}{c-1}(a-1)+1\right\}$$
$$=(c+1)(a-1)^c$$
$$+(c+1)\left\{\binom{c}{1}(a-1)^{c-1}+\ldots+\binom{c}{c-1}(a-1)\right\}-c+1.$$

Le côté gauche de l'inégalité est donc

$$(c+1)(a-1)^c+(c+1)\left\{\binom{c}{1}(a-1)^{c-1}+\ldots+\binom{c}{c-1}(a-1)\right\}-c+1$$
$$+\binom{c+1}{2}a^{c-1}+\ldots+\binom{c-1}{c}a,$$

le côté droit est égal à $(a-1)^{c+1}-1$.

La différence de l'inégalité est donc

$$[(c+1)-(a-1)](a-1)^c$$
$$+\binom{c+1}{1}\left\{\binom{c}{1}(a-1)^{c-1}+\ldots+\binom{c}{c-1}(a-1)\right\}$$
$$+\binom{c+1}{1}\left\{\binom{c}{1}\frac{1}{2}a^{c-1}+\ldots+\binom{c}{c-1}\frac{1}{c}a\right\}-c+2>0.$$

Suivant que $a=2c+2$, ou $a=2c+1$, la première expression est égale à $-c$ ou à $-(c-1)$.

Page 30.

« Étant donné », il y est dit « que $\gamma = a - a_2$ indique aussi le nombre de valeurs « de $\frac{n(n+1)}{2}$ », etc. »

Il est bon d'ajouter à cela ceci :

L'équation

$$\sum_{1}^{6k+\gamma-1} \frac{n(n+1)}{2} - k = 6^2 k^3 + \gamma . 18 k^2 + \gamma^2 . 3k + \frac{\gamma^3 - \gamma}{6}$$

pour $k = 0$ devient

$$\sum_{1}^{\gamma-1} \frac{n(n+1)}{2} = \frac{\gamma^3 - \gamma}{6}$$

et donne la somme des premières $\gamma - 1$ valeurs de $\frac{n(n+1)}{2}$, donc la somme de

$$\frac{1.2}{2} + \frac{2.3}{2} + \ldots + \frac{(\gamma-1)\gamma}{2}$$

pour n'importe quel $\gamma = a_1$.

Pour tout autre k, on voit que l'équation (VIII) présente les $6k + \gamma - 1$ premières valeurs de $\frac{n(n+1)}{2}$.

Or $6^2 k^3$ est la somme des premières $6k - 1$ de ces valeurs plus k.

Car

$$\sum_{1}^{6k-1} \frac{n(n+1)}{2} - k = \frac{1}{6}(6k-1)6k(6k+1) - k$$
$$= 6^2 k^3.$$

Il en résulte que l'expression $\gamma . 18k^2 + \gamma^2 . 3k + \frac{\gamma^3 - \gamma}{6}$ est la somme de γ valeurs de $\frac{n(n+1)}{2}$ qui commencent avec le $6k^{\text{ième}}$ valeur de $\frac{n(n+1)}{2}$.

D'autre part, en conformité des équations (IV), on a : $a_1 = 6k + \gamma$ et en même temps $a - a_2 = \gamma$ et il en résulte, comme le montrent aussi les équations (VI), que lorsque nous voulons savoir si la somme

$$\sum_{1}^{6k+\gamma-1} \frac{n(n+1)}{2} + k$$

est exprimable par un autre nombre de valeurs de $\frac{n(n+1)}{2}$ que les premières $6k+\gamma-1$ de ces valeurs, nous n'avons à chercher que pour le nombre γ, nous n'avons qu'à voir s'il existe γ valeurs de $\frac{n(n+1)}{2}$ consécutives prises à partir d'une certaine valeur de n, dont la somme serait égale à $\sum_{1}^{6k+\gamma-1} \frac{n(n+1)}{2} + k$, parce que pour tout autre nombre que γ l'expression $\frac{a_1+a_2-a}{6}$ serait un nombre fractionné.

Par conséquent, si nous écrivons dans les deux formules en question ν au lieu de γ, on voit qu'on peut écarter le cas $k=0$.

Car on aurait

$$\frac{\nu^3-\nu}{6} = \frac{\nu}{2}x^2 + \frac{\nu^2}{2}x + \sum_{1}^{\nu-1} \frac{n(n+1)}{2}$$

ou

$$0 = \frac{\nu}{2}x^2 + \frac{\nu^2}{2}x.$$

De même, on voit qu'on peut pour faire notre démonstration, mettre

$$6^2k^3 + \nu.18k^2 + \nu^2.3k + \frac{\nu^3-\nu}{6} = \frac{\nu}{2}x^2 + \frac{\nu^2}{2}x + \sum_{1}^{\nu-1} \frac{n(n+1)}{2}$$

ou bien

$$6^2k^3 + \nu.18k^2 + \nu^2.3k = \frac{\nu}{2}x^2 + \frac{\nu^2}{2}x$$

www.ingramcontent.com/pod-product-compliance
Ingram Content Group UK Ltd.
Pitfield, Milton Keynes, MK11 3LW, UK
UKHW022135260726
13993UKWH00003B/1457

9 782329 205847